U0283825

[日本] 吉冈幸雄 著

[日本] 喜多章 摄影

陈舒婷 译

京都美学考

江苏凤凰科学技术出版社 · 南京

江苏版权局著作权合同登记图字：10-2021-192 号

KYOTO NO ISHO KURASHI TO KENCHIKU NO STYLE
©YOS HIOKA SACHIO
©KITA AKIRA
Original Japanese edition published by Shikosha Publishing Co.,Ltd in 2016.
This Simplified Chinese edition is published by arrangement with
Shikosha Publishing Co.,Ltd
through Inbooker Cultural Development (Beijing) Co.,Ltd..

图书在版编目（CIP）数据

京都美学考 /（日）吉冈幸雄著；陈舒婷译 . -- 南
京：江苏凤凰科学技术出版社，2021.9（2022.10 重印）
ISBN 978-7-5713-2161-1

Ⅰ . ①京… Ⅱ . ①吉… ②陈… Ⅲ . ①建筑美学—日
本—图集 Ⅳ . ① TU-881.313

中国版本图书馆 CIP 数据核字 (2021) 第 162343 号

京都美学考

著　　　者	[日本]吉冈幸雄	
摄　　　影	[日本]喜多章	
译　　　者	陈舒婷	
项 目 策 划	凤凰空间/陈　景	
责 任 编 辑	赵　研　刘屹立	
特 约 编 辑	李雁超　刘禹晨	

出 版 发 行　江苏凤凰科学技术出版社
出 版 社 地 址　南京市湖南路1号A楼，邮编：210009
出 版 社 网 址　http://www.pspress.cn
总 　经 　销　天津凤凰空间文化传媒有限公司
总 经 销 网 址　http://www.ifengspace.cn
印　　　刷　天津图文方嘉印刷有限公司

开　　　本　710mm×1 000mm　1 / 16
印　　　张　18
字　　　数　288 000
版　　　次　2021年9月第1版
印　　　次　2022年10月第2次印刷

标 准 书 号　ISBN 978-7-5713-2161-1
定　　　价　128.00元（精）

图书如有印装质量问题，可随时向销售部调换（电话：022-87893668）。

前言

我生于京都、长于京都，本书中所收录的，是数十年来我眼中的京都以及它给我留下的记忆。

更确切地说，本书是我穿梭于京都街道之中，搜集的许多令我印象深刻的意匠[1]。

记得是 20 世纪 90 年代，当时，我为室内设计及建筑杂志季刊 *Confort*（建筑资料研究社）撰写《日本颜色》以及《迎接客人的京都旧居》等稿件时，其主编大槻武志先生，将摄影家喜多章先生介绍给我认识。喜多章先生的一个工作习惯令我感到惊讶，他摄影时竟完全不用闪光灯或打灯，一概使用自然光与室内的光线拍摄。

某次我们在祇园准备拍摄茶屋，当时天色已晚，光线昏暗。我在一旁关切道："还好吗？可以拍摄吗？"喜多章先生则对此淡然一笑，又继续工作起来。

他工作时动作极其敏捷迅速。现在的许多摄影师只顾着辅助灯光要如何布局安排，迟迟按不下快门，相比之下，喜多章先生的工作效率令人赞叹，成果也非常出色。经过几日的共事，我对他的敬佩油然而生。

1 意匠：指对美术工艺品的加工装饰，涉及形状、颜色、纹样等设计。可与英文中"design"一词对应。

有关本书主题的产生，我过去仅曾为杂志的对谈写过类似引言的文章，但在遇到喜多章先生以后，我萌生了重新整合撰稿的想法，因此向大槻武志先生提议连载。他回复道："那就每期用 8 页的篇幅吧！"很快地应允了。

此后几年的时间里，我以一年四次的频率与喜多章先生一同进行京都旅拍，兴之所至，我会把他带去各式各样的地方。他的工作速度虽迅速，但绝对不敷衍了事。有时遇到光线角度不佳或连日细雨等状况导致摄影无法顺利进行时，他会多次前往现场取景，直到效果满意为止。

如此连载十多次后，篇幅总算足够集结成册，这才成了现在您手上的这本书。

我在建筑学或现在时兴的室内设计领域，完全是个门外汉。这本书仅代表我——一个出生于染坊、与美术工艺深有渊源的探索者——穿梭行走在京都街道当中，所获得的点滴感悟。而喜多章先生精心拍摄的照片，又将这些感受出色地呈现出来。希望各位读者可以慢慢品赏这些细节。如此，便可一览古都自然与人文所孕育的美。

吉冈幸雄

目录

第一章

古都住宅的内部设计

京都的街道，目之所至，印刻于心

我现在居住在洛南伏见区的一处小山丘，晨起，透过窗子远眺，西侧山陵起伏绵延。在风和日丽的春日，彩霞点缀天边，天空仿佛成为淡紫色的梦幻之城；到了五月，萌葱色[1]的绿叶郁郁葱葱；在秋天，可以看到山峦层林渐染、由黄而红的过程；在冬天，高之又高处白雪皑皑，一片银装素裹。

出了家门，走下坡道，就会看到北山的山陵，再往北走一点，隐约可见东山的山峰。

所谓生长于京都的喜悦，或许就是身在三面为群山围绕的小小都市空间当中，能够日日看到山的颜色随季节转换、沐浴着温暖的日光、倾听着风的声音，用眼睛观察、用肌肤感受并生活于其中吧！

京都自平安京迁都至此已有1200余年的历史，以昔日王城所在之姿，将悠悠岁月凝驻在古都的一草一物之中。话虽如此，但事实上并非所有旧貌都保留到了今日。

回望历史，平安京从来不如其名般，是座"平安"之都。

在兴建都城时以人力改造而成的鸭川向东蜿蜒流淌。却总是在梅雨季过后的初夏季节泛滥成灾，并在城市当中造成疾病蔓延传播。

天皇、公家的势力衰退后，源平两家交战不断，政局动荡不安。表面看来安定的室町幕府，因其内部在都城中掀起长达十年的应仁之乱而分崩离析。之后，日本进入将近1个世纪的战国时代。

---

1 萌葱色：介于青绿色与绿色之间的颜色。

接着，织田信长、丰臣秀吉这些称霸战国时代的武将们来到京都。恰逢此时正是大航海时代初期，南蛮人（日本人当时对葡萄牙、西班牙和意大利等国进犯者的称呼）将日本人前所未见的异质性文明带入日本，而他们眼中的都城，是在战乱后被丰臣秀吉筑成的御土居[1]包围，经过精心修整、完美复原的洛中样貌。

从安土桃山时代（1507—1603）、庆长时期（1596—1615），直到18世纪初的元禄时期，尽管德川家康移都江户，京都依旧保持风貌。

之后江户城快速发展，从商业到文化领域，都城的力量逐渐向东转移。京都开始衰败，变成了观光城市。黑船来航冲击锁国的大门，紧接着明治维新的战火猛烈地席卷了京都。

尽管京都民众反对声高涨，但明治天皇还是执意迁都到东京。京都一度面临着衰退的境况。

京都的复兴，是靠着京都人快速学习、吸收随明治维新传入的西洋文明而实现的，人们开凿琵琶湖疏水道、建设发电厂、发展染织产业的近代化等，在这之中古都培育出的进取精神被发挥得淋漓尽致。

此后的一百多年里，京都融合了千年的文化积淀与新摄取的养分，幻化出新的模样。

生长在京都当地的人，很容易因为对周围的风景习以为常，而忽视了京都与外地的差异、景观中蕴藏的美以及城市风貌的优雅。

不知是幸还是不幸，我生长在以染色为业的京都手工艺人之家，加上祖父是不想继承染坊，一心钻研日本画的画家。因此，我从小受到美术工艺的熏陶，周围人讨论的话题总是围绕着"美为何物"而展开。不论我喜欢与否，这些课题始终伴随我左右。

---

1 御土居：丰臣秀吉主导的城市改造政策之一。分别由宽20米的巨大土垒与护城河组成，总长23千米，将京都整个包围起来。

"目之所至，印刻于心"，这自然而然地成为我的一个习惯。

我从事过美术工艺书籍的编辑工作，而后，却出乎意料地继承了家业。我年轻时曾对这样的人生道路非常反感，但是我依然沿着这条道路走了下去，现在回想来有所顿悟，但也时而惊异于自己的选择。

京都的景观，甚至京都本身，都是"美"的对象。

在京都的街道漫步、驾车穿梭或搭乘电车，映入你眼帘的是神社的桧皮葺[1]屋顶、寺院半毁的土墙、雄伟的大门、町家的格子门窗（弁柄格子[2]）。日文中以"物见游山"形容四处观光游览，而我的目光却自然而然地停留在这些街道本来的美学造型上。

我在本书中所谈的主题，均不是我职业范围内的专长，但却是生长于京都的我从懂事后累积了数十载，镌刻在脑海中的京都街道的风韵。

回想起来，从昭和二十年代后期到高度成长期之初（20世纪四五十年代），京都都是整洁而美丽的。

在我小的时候，我所生长的伏见区是洛外的粗鄙之地。稍微走一段路会看到桃子园，乡下人会用流经门前清澈的河水洗涤刚从田里收获的蔬菜，并将其整齐摆放在屋檐底下。

那时我骑着新买的自行车悠闲地穿梭在酒坊林立的小路上，看到支撑着酒坊的粗大柱子、白色外墙，外面摆放着高度有当时的我身高两倍以上的酒桶；水井在冬天寒冷的空气中冒着水蒸气。酒香飘来弥散在空中，在我幼小的心中留下难忘的光景。

1 葺：指铺屋顶的材料。在日本建筑中，屋顶的铺法依据不同材料，称为"××葺"。例如：茅葺、桧葺、瓦葺等。

2 格子：是京都建筑中最具代表性的意匠，以细木条组成，多用于门（户、扉）、窗等。"弁柄"是一种朱红色的颜料，涂在格子上，就成了京都町家的特色景观。

而我的亲戚住在西阵的中心地区，大约在今出川通堀川东侧的飞鸟井町。町名据说取自过去的公家飞鸟井氏的故居。

其东侧是南北贯通的小川通，那里有一栋弁柄格子构造的织布工匠宅院，从大路稍微拐进去，长屋的格子窗里传来织布机的声音。这里虽位于市中心，当时街面还有电车通行，但身处其中却听不到噪声，也不会因嘈杂而产生令人不快之感。从缝隙望向堀川小细流的石墙，穿过不知名的小巷和十字路，感受存在于人们生活中的美好气息。

对幼年的我来说，造访寺院、进神社参拜没有什么特别的原因，其实这些地方都是童年游戏的场所。等到十几岁以后，才开始有些探究历史的意味。

深锁的门板上刻印着树木的年轮，在屋顶的破风处装饰有悬鱼[1]，铺在禅院地上的石块，仿佛与地面已融为一体。不知不觉中，我持续地接触着、亲近着。

数十年光阴，日本的山野风景及都市风景有了很大的变化，而京都的风貌也大有不同了。在我记忆中的风景、建筑物、道路、桥梁，原先经过的时候明明是那样的，如今竟不同了，我时常如此感叹。京都的样貌真是日新月异。

我在此重申，京都绝不是"平安"之都，也没有千年前的文物遗产。现在的京都御所根本不在大内里的遗址上，而创建于镰仓、室町时代的寺院本堂楼阁也鲜少保留创建初始的样貌。但是，在支撑着这些建筑物的梁柱结构、屋顶上装饰性的蟆股[2]和悬鱼上面，木纹被经年累月地熏染成黑色与茶色，仿佛将人们生活的痕迹刻进去一般。就连黑瓦也染印了风雨飘来的枯叶，出现深深的黑渍。

1 悬鱼：在建筑物的山墙面，垂于中脊断面的装饰构件。
2 蟆股：是屋顶正立面上的装饰。由于形状像张开的青蛙腿，故得此名。

对于如今的京都，唯有将我脑海中的美丽景象与现存的空间拼合在一起才有可能构筑出往日的风貌，并加以追忆了。

负责拍摄建筑空间，我最信任的合作伙伴——摄影家喜多章先生用五年的时间穿梭于京都的街道间，用相机定格的这些景象，也许有一天将无处可寻……

京都变了。但是，以木、土、纸、丝线等生于自然的材料，经人类加工组合成的建筑，与现代混凝土或金属制的门窗所构成的建造物是截然不同的。尽管经过长年的风霜侵蚀，木纹暴露于外，或是白色墙壁因风吹雨打而产生脏污，但它们呈现在人们眼前还是那样具有美感。希望大家可以慢慢体悟到这些。

我盼望着，不只是京都，包括日本所有的人文景观在内，都还能依据当地的自然风土样貌而重获新生。

玄关

静谧清幽的空间

静谧清幽的空间

初次拜访人家时,应先确认挂在门柱上的门牌(表札[1])信息,按响门铃。静待主家来人迎接,双方可在门口寒暄几句。访客顺着导引走上铺石小径,可低头看看石块缝隙中深绿色的苔藓,也可望望庭院的树木和花草,脑海里想象着屋主的形象及其为人。从大门到玄关,虽然只是片刻,但这个空间却散发着住所特有的气息。

如果拜访的对象地位较高,那访客来到玄关前的屋檐下,拉开门的一瞬间还会有些紧张,不自觉地想,会是主人和蔼地亲自迎接呢,还是会被引导到客间[2],静候主人的到来呢?

我从小住到十一二岁的房子,位于洛南深草的大龟谷。这里过去是田地与林地连绵的丘陵,以盛产白萝卜闻名。大正到昭和初期,这里变为住宅地,第二次世界大战后日本一贫如洗,我的家租住在一个占地面积 300 坪(1 坪约合 3.3 平方米)以上、宽敞舒适的大宅的二楼一角。住居南侧有一个长而宽的走廊、两个京间[3] 八叠半(约 15.47 平方米)的房间和一个四叠半(约 8.19 平方米)的房间,在西北侧还有一个阳台。虽然是租的房子,但空间很大,比起现在的住房还要舒适宽阔。

那时爬上几级石阶后,就可以看到一个大门。平常进出要打开左边的小门,那里另有一条长长的石径通往玄关,在我的记忆中当穿过石径并打开表门[4] 时,空气中总是萦绕着冷谧的气氛。抵达玄关的这段短暂时间,让尚年幼的我有一种无比舒适的体验。

后来我们搬到更具平民风情的住宅,这是一栋建造于昭和初年较新的住宅,拥有京都风格的连栋长屋。所谓玄关,也仅仅是拉开一扇格子门后 1 坪多的土间[5]。然后经由通庭[6]

---

1 表札:挂在日本住宅大门围墙门柱上,写着一家之主的姓氏。

2 客间:待客的空间。

3 京间:一张榻榻米的大小,主要在日本近畿、中国、四国、九州地区使用,尺寸约为 190.8 厘米 ×95.4 厘米,合计 1.82 平方米。

4 在日文中"表"有正面、正式、外面的意思,因此最外面的门称为"表门"。

5 土间:未铺装地板、连接室内与室外的空间。

6 通庭:能穿着鞋从入口直接通到内室的走廊,有助于建筑内部空气流通。

皆川淇園旧宅：偕交苑的表玄关

直通内部，打开下一扇门就是一个狭长的空间，那里并排放着炉灶、厨具一应俱全，充满生活的气息。

我回想起在时代剧中出现的江户时代的长屋，表门是只有障子的简单拉门，打开门后会看到土间放着汲水桶及小小的炉灶，没有那种迎接客人用的玄关。那时唯有公家的宅邸、武家屋敷和农家的村长家设有玄关。

一般平民能够在家里建造稍微突出的玄关，应该始于明治末期到大正年间的都市及近郊的新兴住宅区。而拥有玄关，也开始成为社会地位的象征。日本有一句谚语是"造一个玄关"，即"装门面"之意，也许正出自这个时期。

说到缘由，玄关的"玄"除了表示"黑色"，也有"深奥"之意。

因此玄关可以引申为"领悟奥妙、道理的入口"。在中国古代和日本，学习佛教要义是非常重要的一件事情，在此玄关即为领悟佛教之道的关卡，而狭义则指代禅宗寺院主持住所的入口。

即便是日常生活中没有宗教信仰的人，一踏入禅宗本坊，心底还是会涌起一丝清冷神秘的紧张感。可能是因为空气中充盈着具有精神性的力量，人仿佛置身于一个严格的修行道场的缘故。

我和京都的野口安左卫门家相识已久，他家经营一间创始于江户元禄年间（1688—1703）的吴服老铺。其在油小路四条往北的住宅建于明治初年（1868—1872），建筑从伏见移建而来，前身为造园师小堀远州的大宅。其住宅里面设有两个玄关，其中一个是次玄关，但是这个家的南北两侧分别设置了阔气的通用门[1]。

一问才知道，野口家从江户时代就从事吴服买卖，并与京都御所往来、为其效力，是颇具规模的富商，明治维新期间他家曾随侍天皇到江户城。

野口家南侧的玄关是家人日常使用的出入口，亦为迎宾的玄关；而北侧的玄关则铺着白砂，

---

1 通用门：通往外面的大门。最初设计为主人以外的家人、女眷使用的大门。

皆川祈园旧宅偕交苑

显得幽静肃穆。在此跪下、净身，垂着头走出低矮的出口，出发前往京都御所。

前几天看历史剧的时候也看到一幕，是妻子对着要去决斗的丈夫在玄关敲着火打石净身[1]的场面。

玄关不管是在迎接客人的时候，还是在主人要出发的时候，都算是一个关卡，所以我想一个静谧、清净的空间是适宜的。

1 敲火打石以祈愿，不仅有"净身"之意，也有"增加好运"的寓意。

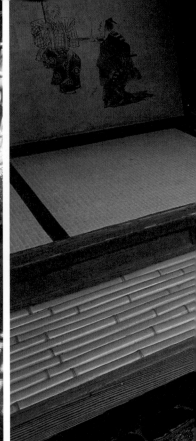

偕交苑大门到玄关之间的石径　　　　　　　　　　　　以竹子组成的式台[1]及沓脱石[2]

文人宅邸

平安京创立之初，大内里[3]的范围包含现在二条城的东南端，占地相当辽阔，而上长者町与下长者町一带曾是贵族公家的高级住宅区。后来大内里移往现在的御所以后，其西侧仍建有公家或足利将军等人的豪宅。

江户时代的儒学家皆川淇园，其宅邸也位于土御门的内里遗址周边，现在仍遗留着当时的风貌。皆川淇园于享保十九年（1734）在京都出生，学习儒学并建立起独有的世界观。

---

1 式台：设置于日本住宅玄关或入口处，作为迎接贵宾及高级武士之用。

2 沓脱石：在日本庭园与主屋之间放置一块石头，以供脱鞋之用。

3 大内里：对平安京而言，大内里是皇宫统称，而内里则是天皇与后宫居住之处，是大内里的一部分。

此外他还善诗文、绘画，开设了名为"弘道馆"的私塾，身边聚集了许多文人。

偕交苑为其宅邸的旧址，研究人员推测该宅或多或少经过后世的整建，但是仍然保留了旧貌。穿过一段狭长石径后出现一座大门，再往前走可以看到表玄关及挂着绳暖帘[1]的次玄关。表玄关正面左手边有一个通往庭园的中门[2]，门内种植的老树年岁苍苍，还有一处绿意盎然的苔庭。

偕交苑位于京都御所西侧，此处历史悠久、环境优美，虽然距离皆川淇园居住的时候已经过去两百余年，但一草一木仍保持着精巧的布局，着实让人心生敬意。

1 绳暖帘：以绳子构成的暖帘。
2 中门：在茶室当中，设置在外露地与内露地之间，通常形式较为简单。

上左图：偕交苑的玄关通往庭园之门上的花饰

上右图、下图：次玄关、绳暖帘与竹子的设计

玄关的格子门及铺石的设计

从玄关透过格子门望向大门的景象

别邸

从市内往嵯峨、岚山方向的途中，穿过一条由等持院通往龙安寺的细窄小径后道路豁然开朗，两侧铺着绿意盎然的苔藓，一栋宽广的住宅映入眼帘。

这栋住宅的主人是一位靠着开挖煤矿发迹的大阪实业家，传闻此宅是他的第七栋别庄，在周围的住宅尚未兴建之时，在其中可以远远望见衣笠山如被绢布包覆般的秀美景色。

具有数寄风格的茅葺屋顶大门让人觉得这里真不愧是建于洛外的别庄，来访者可穿过门后石径转向右侧，在道路的引导下来到玄关。

从茶事用的腰挂待合[1]望向玄关的景象

而另一侧铺满苔藓的空间中，则看似漫不经心地放置了石佛，以及可追溯到室町时代的玩石。再往左有竹制的简朴中门，可以通往茶室。相传初代夫人曾在此开设表千家的茶席，席间主宾尽欢。

穿过玄关的大门后，有一块厚实而具有古意的石板台阶作为升口[2]。这里虽不算宽敞，但风格上不至于过分夸张或过于简朴，是一个具有数寄风格的幽静空间。

1 腰挂待合：举行茶事的时候宾客从露地门进入，待合是等待主人迎接之用的建筑物。腰挂是用于休息的坐凳。
2 升口：从土间爬上座敷的高低差。

打开格子门后，进入一个静谧清幽的空间

商店

四条通以南被称为"下京"，尤其是乌丸通至堀川通之间遍布买卖吴服的商店，形成一个热闹的商业街区。面对着绫小路通的杉本家是创始于享保三年（1718）的老铺，当时被称作"奈良屋"，专营批发京吴服，再转卖至千叶、关东地区的生意。

今日的杉本家仍保有明治三年（1870）时的风貌。从表玄关进入后，两侧是进行批发交易的"店之间"，穿过这个空间以后，才是屋主居住生活的部分。

内玄关位于正面，供商人生意往来、用人自由进出。穿过中庭后抵达的玄关，同样萦绕着静谧清幽的氛围。一开始是三叠大（约合 4.86 平方米）的迎宾之间，左手边是西式房间、

正面是客座敷、右手边通往茶室，杉本家不愧是大户人家，待客空间非常宽敞。

杉本家所在的绫小路新町西入负责祗园祭的伯牙山，七月的祭日来临时人们将伯牙山的御神体及其装饰品安放在门口。

左页图：一进入表玄关随即进入做生意的空间
上图：杉本家（文物保护单位，奈良屋纪念杉本家保存会）表玄关
中图：表玄关的犬矢来 [1]
下图：住居的玄关门口

1 犬矢来：京町家的店面前会以弯曲的竹栅栏隔离，防止犬尿、雨水溅湿等原因弄脏墙壁。

27

高台寺和久传。从表门进入玄关的场景图。这里装饰着正月的饼花 [1]

料亭

在京都最繁华的四条通尽头，坐落着祇园八坂神社。而"八坂"这个地名的由来，是从东山往下、在八坂神社南侧的祇园坂至三年坂之间，一共有八条坡道的缘故。

而八坂之一的下河原坂安静地伫立着一座高台寺，这是丰臣秀吉的妻子宁宁夫人在丰臣秀吉过世后，为太阁（对丰臣秀吉的专有官称）祈祷冥福而兴建的名刹。

高台寺和久传位于其中一角，外面有一个数寄屋风格的气派大门。低矮的石阶被人细心地泼过了水，登上三级台阶后踏着磨亮的黑石迈入玄关。那里装饰着插在大壶中的鲜花，再往里则有一座绿苔点缀的坪庭，从中可以感受到纵深感和层次感。

虽然这里只是宾客下车以后，被带往座席就座片刻的场地，但营造出的氛围足以让人想象即将端上桌的料理的精致程度，就像是一部旋律优美的交响乐的序章。

1 饼花：一种新年装饰，在柳枝上装饰揉成一小团一小团的年糕，通常为红白两色。

高台寺和久传玄关的升口

左图：高台寺和久传从升口望向表门的景象

下图：将入口的襖全拉开的话，可以透过窗看到坪庭

障子、窗

感受风与光，窥见的乐趣

感受风与光，窥见的乐趣

日文中有一个源于平安时代的词语，叫作"打出之衣"，又称为"出衣"。这是指宫廷中举行大飨之宴[1]、五节句[2]等各种庆贺仪式时，贵族的女君或侍奉她们的女官等在这些特别之日[3]，会从缘侧[4]的帘子（御帘）下方露出一点点衣角，比美争艳。

当时的贵族重叠穿着数层衣裳，并将高贵的丝绢染上华丽的颜色，春天在浓红色的衣裳外披上一袭薄而透明的生绢，用以表现樱花的颜色；秋天则在衣服上使用黄色与茜色[5]调和出红叶的色调，等等。随着四季的变化，贵族们费尽心思地在衣着上展现绽放的花朵、草木的色彩与姿态，争妍斗艳。对季节更迭的观察是否敏锐，在当时成为判断一个人教养程度的标准。

自迁都京都以后，大约经过一百年的时间，藤原道长、赖通父子成为天皇的摄政、关白，主掌了政治。当时，宫廷的贵族开始想要摆脱中国大唐文化的影响，意欲确立源于日本自然风土的"和样"文化。而那正是《古今和歌集》编撰完成、清少纳言写出《枕草子》和紫式部创作出《源氏物语》的时期。

而当时贵族的住居又是什么样的呢？若想了解寝殿的构造，我推荐大家参阅《源氏物语绘卷》。例如"竹河（二）"中有一幕，一个风和日丽的日子里，坪庭中开着樱花，有一对姐妹在房里下棋，帘子半遮，虽然看不到她们的脸，但是可以见到她们层叠穿着的美丽衣裳。侍女在缘侧排成一列，观望着棋局的走向。挨着坪庭的右手边另有一个房间，里面站着一位贵公子，隔着帘子窥视两人的模样。由于当时身份高贵的公主不常在人前露面，因此除非宫中的特殊场合，她们会如"出衣"般若隐若现。

---

1 大飨之宴：平安时期，宫中与大臣宅邸举行的大规模飨宴，称为"大飨"，菜品非常丰盛。

2 五节句：指人日、上巳、端午、七夕、重阳。

3 日文原文是"晴れ"。日本人将值得庆祝或者正式的场合称为"晴日"，其中有许多特殊的仪式。

4 缘侧：日本建筑中座敷与庭院之间，有一个长廊相隔，是半户外的空间。

5 茜色：日本传统色之一。使用茜草根染出的颜色，接近暗红色。

桂离宫笑意轩的北正面，口之间的圆形下地窗[1]

在该绘卷的"东屋（二）"一幕中，光源氏之子薰拜访心上人浮舟的隐居地。薰坐在缘侧，倚着柱子等候，后面有木板做成的遣户[2]。里面有房间，女官从半开的襖探出头来，浮舟的身子背对着画面、看不到她的脸。

从这些古卷中，我们可以看到平安时代贵族的寝殿，其缘侧位于屋檐延伸的斜屋顶下，但是面对庭院的那一侧只有一排栏杆（组高栏）遮蔽，无法遮风避雨。在缘侧与房间之间的长押[3]上，平常挂着用来遮蔽的帘子，日落天色转暗以后，再从屋顶放下隔开板蔀户[4]，室内变得幽暗。这个年代尚未发现糊上和纸的明障子的记载。

将细木条搭成格子状，钉成木框，并在上面糊上一层白色的薄纸，立起固定在敷居[5]上，成为左右推拉的明障子，这应是镰仓时代以后的产物。这可能是因为和纸的制作技术发

1 下地窗：将土墙的结构支撑外露，以直交的植物杆为窗框，再加上一些藤蔓装饰。
2 遣户：进入寝殿的木板推拉门的总称。
3 长押：在门框的上半部，将柱子从两面夹住固定的横材的总称。
4 蔀户：在纤细的格子间打上隔板，作为隔间，以垂吊方式开合。
5 敷居：推拉门下面的沟槽。

展后，开始在美浓、越前等地大量生产的缘故；或者是受到从中国传来的将木材精密组合构筑的"禅宗式"风格寺院建筑的影响。

而纸糊窗应该也是同时期的产物吧，在法隆寺的回廊可以看到木条纵向排列的连子窗。至于以纸糊的小型障子为室内采光的窗户形式，最早可以从描绘净土宗的开祖法然生涯的《法然上人绘卷》中的"出文几"看到。那是一种向缘侧突出且有顶的僧侣单人书斋，明障子设置在高于桌子的位置，做成窗户的形式。光线从上方射进来，照亮手边，对于阅读而言是再好不过的设计。

在此后开始流行的茶室中，障子窗成为富有美学特质的实际象征。茶人千利休之师武野绍鸥认为只有从北射进的光线是稳定而适宜的，而千利休在他自己设计的茶室中则开了好几扇窗，以创造出明暗对比。在前往茶室的途中，会看到土壁上四方形或圆形的窗户，上面是糊着白色和纸的障子，以及在竹格子上卷起藤蔓的组合，这样质朴的色彩和形状，非常引人注目。坐在室内，会发现映在纸上的太阳光、树叶的影子和让人陶醉的随时间变化的自然姿态。

上、下图：高台寺时雨亭。藁葺屋顶、入母屋造（歇山顶）的两层楼建筑，二楼为三面敞开的展望台
右图：一楼的炉灶与床之间[1]的区域

1 床之间：通常有押板及书院，用佛书、三具足（花瓶、
　烛台、香炉）来装饰。

左页图、下图：高台寺遗芳庵中大而圆的吉野窗

从明治末期到大正初期，从欧洲进口的玻璃开始应用到日本房屋的窗户上，这使得窗户的形式发生了很大的变化。玻璃窗十分透光，还可以完全地遮蔽风雨，室内温度的调节也比以往容易很多。

而后钢筋混凝土、组合住宅开始普及，进而出现了塑料制的雨户[1]，厚实而坚固的玻璃固定在铝制的门框中更增加了强度，门框上也开始挂上布制窗帘。如此一来，人们彻底地从严酷的自然环境中解放出来，为自己构建了舒适的居住环境。

但是在此过程中，人们对于季节变化的察觉已不如平安时代敏锐；拜访心上人的住居时，失去了从竹篱间窥探的乐趣；受人招待进入茶室的时候，再无法感受透过和纸照射进来的柔和光线，以及为巧妙运用光的设计而感动。这一切都一去不复返了。

1 雨户：为了不使雨水伤及住宅本体，在缘侧外侧设置雨户，原为一种木板门扇。

茶室

仁和寺飞涛亭是光格天皇建于宽政年间的茶室，而选址于此应该与仁和寺自古就是"御室御所"，是与皇室密切相关的名刹有关系。应其贵族别邸之名，仁和寺有着宸殿、林泉等典雅的御所建筑。茶室位于其东南深处的小丘上，打开障子能俯瞰庭园与整体建筑。而同样位于仁和寺内的辽阔亭，传说为尾形光琳所作。

曼殊院的茶室有八扇窗，故称为"八窗席"，这里可以见到色纸[1]、连子、下地等典型茶室风格的窗户样式。据说，在明亮的阳光照射下，白色和纸会映出彩虹。

左页图、上图：仁和寺飞涛亭
混有长[2]的锖壁[3]与下地窗
左图：月出形的下地窗

1 指"色纸窗"，设于茶席点前座的窗户。
2 长：植物的纤维，在日本的土壁工法中，会以稻梗、麻苎、和纸混合作为糊壁的材料。
3 锖壁：使用铁含量高的黏土或混铁粉制作的土墙。

曼殊院八窗席

三叠¹台目²的茶席中设有八扇窗

1 叠：是日本建筑物房间的面积的单位，也是计量榻榻米的数量单位，一块面积约为 1.66 平方米。

2 台目：在茶室中，榻榻米的大小为标准大小的四分之三者，称为"台目"。

禅寺

禅宗自中国传入后在日本生根，不仅为日本本土的佛教带来巨大的刺激以及变革，对于日本的建筑与居住形式也掀起波澜。始于中世的"书院式"建筑，其形成正是受到禅宗相当大的影响。

木条骨架贴上和纸的明障子，开多扇窗，窗户也一样使用和纸，以"火灯窗[1]"为代表形式。可以发现这其中多了以往日本建筑中较为忽略的采光与防寒保暖的考虑。

位于宇治黄檗的万福寺属江户初期传入日本的黄檗宗寺院，黄檗宗是三个禅宗派别中最晚的。因此其建筑保留了非常多的中国式样，可以追溯其渊源。

左、右页图：万福寺的火灯窗与圆窗

1 火灯窗：上缘呈曲线的窗户，随着禅宗建筑传入日本，后来演变成许多形式。

二条阵屋

上图：要将身体缩起才能通过的隐藏阶梯

右图：细部意匠优美的二层小阁楼

旅馆

小川家原本是经营米铺与货币兑换店的富商，在江户时代各大名因参勤交代[1]开始频繁来往京都的缘故，其店铺扩展成为过夜住宿的地方，通称为"二条阵屋"。

为了保证大名及高级武士的人身安全，各个房间都设有隐藏的机关。可兼作能剧舞台的"能之间"中，障子的中段与桐木门板组合在一起，里面还备有一片桐木板，将木板放到下段的时候，可以让障子变成一整片板门。另外在茶室的水屋内侧障子里，还有供人藏身的空间。房子外观貌似普通民居，但实际上各处都有隐藏的机关，其玄机暗藏于窗、障子、襖的造型上面，非常值得研究。

---

1 参勤交代，亦称参觐交代，是日本江户时代一种控制各大名的制度。各藩的大名需要前往江户替幕府将军执行政务一段时间，然后返回自己领土执行政务。

"能之间"

障子一段一段分层设置了桐木的折上户[1]，还有防止噪声的作用

1 折上户：将门板以垂直开合的方式打开，使开口处完全敞开，常用于客栈的门板。

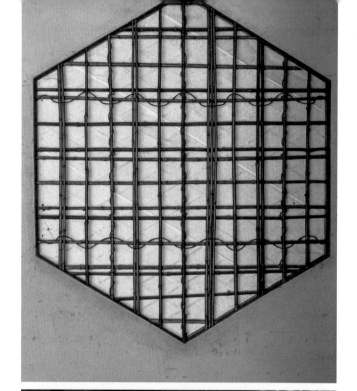

右上图、右下图：二条阵屋的窗

游廓

京都的游廓岛原出现于安土桃山时代的天正十七年（1589），位在柳马场二条之地。从那个时候开始，角屋即以扬屋[1]（今指料亭）扮演其中枢角色。游廓一开始位于六条三筋町，之后虽然强制迁移到岛原，但其广为人知的江户时代的热闹情景，正是始于此地。

角屋的建筑物如今仍保留江户时代的旧貌，在迎宾之间装饰了各种几何形状的障子窗。特别是青贝之间的栏间及明障子，竹或松皮菱组合成的格子纹样经过精雕细琢，可以想象宾客从庭院远望进来的感觉。

1 扬屋：从置屋唤来艺伎或太夫，一同于宴席玩乐的店家。

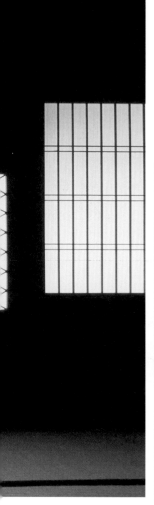

角屋的障子

右上图：桧垣之间

右下图：扇之间

左图：青贝之间

上图、左图：富美代大广间的腰高障子，以及从坪庭望去的景象

位于祇园的富美代是从江户时代就存在的茶屋老铺，原址位于面向鸭川河原的绳手通，大正初年移建到现在的富永町。面向街道的粗条弁柄格子展现出其风貌，而客房内配置腰高的雪见障子[1]玻璃窗仍保留了修建当时使用的钠钙玻璃，可以看到光线在微妙角度下的折射，数十年来无数的客人都透过这扇雪见障子欣赏月光。

1 雪见障子：上半部分为障子，下半部分为玻璃。一般的障子看外面时需要拉开，但雪见障子透过玻璃就可以眺望外面的景色，冬天则可以在室内欣赏庭院里的雪景。障子下面板子的部分称为"腰"，一般高度为30厘米，60~70厘米的被称为"腰高障子"。

引手、钉隐、栏间

微小空间中的美

微小空间中的美

在京都建造都城的历史已有一千二百年以上。而往日的住宅又呈现出什么样貌呢?

平安时代中期,都城的规划愈加完善。政局终于安定,确立了以藤原氏为中心的政治体制,贵族构建起灿烂的王朝文化。

紫式部此时创作出《源氏物语》,这虽是一部以贵公子光源氏为主角的长篇爱情小说,但从其中可以窥见当时奢华的贵族生活及住居空间,阅读起来多了一层乐趣。在这部小说完成约一百年后,《源氏物语绘卷》问世,更具体而微地表现书中的情景。

例如"竹河(二)"中的一幕,描绘了一座大宅的中央有一处盛开着樱花的坪庭。在具有斜屋檐的缘侧伫立着三位女官,她们是侍奉身份高贵的贵族公主的侍女。其中的两位倚坐在缘侧与庭院之间的栏杆(高栏)上,享受着和煦的春阳。画面上可见栏杆组合处以钉子固定,其上再以钉隐作为装饰。

在缘侧与房间之间有粗壮的柱子为界,从鸭居[1]垂挂而下的暖帘,边缘滚着深绿色有职纹样[2]的绢布,透过半掩的帘子往内看去,有一对姐妹在开心地下着棋。画面的上半部用日本画的特殊技法"霞取[3]"进行省略,但可以推测蔀户应该是往上抬起的。

平安时代并没有遮蔽风雨的推拉式雨户构造,而是以木格子组合支撑而成的蔀户上下抬拉,连通内外。

白天明亮的时候会将蔀户往上拉起,室内与室外之间也不如今日有玻璃门或纸障子分隔,而是直接受到日照以及风吹。遇上夏天炎热或冬天寒冷之时,特别地折磨人。清少纳言

---

1 鸭居:推拉门上面的沟槽。

2 有职:代表有识,是指对皇家和武家典章制度与礼法有研究的人,从平安时代起有职纹样就已经用于皇家与武家所使用的装饰品上。

3 霞取:日本画技法当中的留白方式,为一种远近法的表现方法,由上往下看的视角。

茄子形的七宝引手

的《枕草子》第七十六段中有这样一段记载：

> 宫廷女官住所之中，以靠近走廊处为最佳。

> 撑开那上头的窗子，颇有些风吹，故而夏季也十分凉快。冬天，则有雪霰随风飘进，
> 亦饶风情。由于地方较狭窄，若有女童参拜，或稍嫌不便；不过，令其坐于屏风后头，
> 倒也不敢大声喧笑，反而有趣。

> 画里，不免让人费神紧张些；夜间，则稍稍得以放松，故觉得别有情味。[1]

若想一窥室内的样子，推荐参阅《源氏物语绘卷》"柏木（二）""宿木（一）"还有"东
屋（二）"的场景。"柏木（二）"描述柏木让光源氏之妻——女三宫产下一子，因心
怀罪意而卧病在床，好友夕雾前来探病的场景。画面中的房间是高出地面一截的榻榻米
房间，周围有柱子环绕，并用称为"御帘"或"壁代"的布帘做出隔间，这种布帘是由
数条布纵切缝制而成，类似暖帘的形式。再往左边有"几帐"，这是一种移动式遮蔽物，
以高级华丽的绢布制成。另外也有画着山水画的屏风。从这些绘卷作品中可以发现，室

1 摘自《枕草子》，林文月译，洪范书店，2000 年，第80 页。原文为第七十六段，译文为第七十八段。

京都大原之家嵌入襖及板户的古老引手，以及同家收藏的引手

内运用了许多物件来隔夏日之热防冬日之寒，同时可遮蔽视线。

在东屋与宿木的场景当中可以看到襖障子。东屋中襖半敞，女官躲在后面偷看；宿木则描绘了今上帝与薰正在隔壁房间专心下棋，襖微微打开，女官从缝隙窥看的样子，在画面的深处还可以看到作为出入口的妻户。

我纵览《源氏物语绘卷》，发现组高栏、鸭居上有使用钉隐进行装饰，但是画里并未画出襖上的引手，也不像往后时代那样的金属凹槽，看起来是以熏皮或绳钮来推拉门的。

由于这个年代的绘师所描绘的角度都是从斜上往下看，穿过屋顶及天花板的画法，称为"吹拔屋台[1]"，因此无法确认栏间[2]是否存在。只有在《寝觉物语绘卷》第四段的画面，可以看到襖障子嵌在鸭居及上长押之间的样子，不过无法确定这个构件是充当了栏间的功能，还是类似平等院凤凰堂的格子呢？

总而言之，平安时代的寝殿是大屋顶下有立柱的广大空间，不常用襖或障子来分隔房间，

---

1 吹拔屋台：在日本绘卷中把屋顶打开，采用俯视视角的作画方式。

2 从鸭居到天井端的长押之间的空间中，以木材组成格子，形成各式各样的纹样作为装饰构件，称为"栏间"。

京都大原之家嵌入襖及板户的古老引手，以及同家收藏的引手

也许就不需要栏间了吧。取而代之的是，室内特别多壁代、几帐这种布类的隔间。

进入武士取代公家掌权的时代后，确立了书院式的住居空间，空间区划明显，单个房间的面积变小。在此用来隔间的正是襖，以及贴了一张薄纸的明障子，使得每个房间之间有了明确的区隔，也因此出现襖的引手、栏间等部件。从室町时代到安土桃山时代，随着茶文化的兴盛，茶室建筑也进一步发展，更加追求装饰性。

由木、土与纸构成的日本建筑，在钉隐、引手、栏间这些细节上靠着手艺人以透雕、七宝[1]等精细的技术进行装饰。至于室内空间，则是在屏风或襖的上面，画上四季画、山水画或名胜画等画作作为装饰；而用以遮蔽视线的几帐，则参考平安王朝贵族所穿着的十二单衣，配合季节的变化而调和色彩，呈现出绚烂的效果。

当时的住宅不像现在是以玻璃遮挡的隔间，而是可以感受到季节的光与风变化的空间。时至今日，日本人将四季元素运用到室内的心思，还有多少人保有呢？

1 七宝：日本传统金属工艺。以玻璃质地的釉药上色，使赤色、琉璃色、白色等华美的金属色彩更加闪耀。

引手

从平安时代的绘卷上，我们可以看到襖障子的存在。在大块的绢布或木板上，绘有大和绘[1]的山水纹样。

室町时代以后发展为书院式构造，房间被一一区隔，以推拉方式开关的襖与贴上和纸的明障子，开始被加以运用。这样的隔间方式也常运用于安土桃山时代的城郭建筑上，金碧辉煌的隔扇上有画师挥毫泼墨的画作。

1 大和绘：相对于唐绘，于平安时代开始兴盛，以日本传统文化、传说故事、人物掌故及自然风景为题材的绘画。

相反，茶室空间则体现另一种朴素之美，多采用素色的样式。

用来推拉襖或障子的构件称为"引手"，在平安时代是绳钮，到了近代则改为嵌入金属的引手。

尤其安土桃山时代开始使用涂上釉药的七宝引手，这种引手带有琉璃的质感，在小小的空间中，闪耀着赤色、琉璃色、白色等华丽的色彩。在仅 10 厘米见方的范围内就能体现使用者的审美情趣，十分有意思。

修学院离宫，客殿"一之间"

上图：在铺着榻榻米与广缘[1] 之间的木板门上，在网纹之下描绘了"因身之鲤"

左页图：霞棚的地袋[2] 上画有友禅画，以及使用了羽子板的引手

1 广缘：比一般缘侧拥有更大空间的缘侧。

2 地袋：为小柜子形状的构造，使用襖，以精美的引手及和纸装饰。

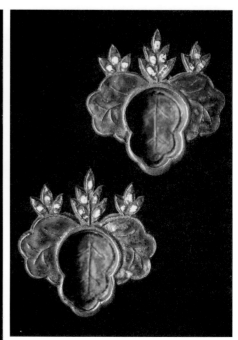

上图、左图：大原之家的引手

下图：修学院离宫，在寿月观的"一之间"与左侧"二之间"的分界处，可以看到花菱模样的透雕栏间

左上图、左中图：大原之家的引手

左下图：曼书院葫芦形的引手

右下图：修学院离宫，寿月观的木板门

桂离宫

左图：松琴亭"一之间"，石炉上的袋棚

下左图：笑意轩，口之间濡缘[1]杉板门上
的矢形引手

下右图：月波楼，印在红叶绢的障子上的
杼形引手

右页图：笑意轩，口之间的浆形引手、竹
与板羽目[2]栏间

1 濡缘：不具备外侧板门的缘侧。
2 板羽目：平贴木板构成的壁面。

钉隐

所谓的"钉隐"，是日本建筑当中在门、鸭居、长押、高栏等地方打上钉子以后，将外露、不美观的部分遮住的装饰品，最早见于奈良时代。仔细观看《源氏物语绘卷》的寝殿式建筑，可以发现鸭居上有六花纹的钉隐、高栏上有细长的花菱纹样钉隐。钉隐的使用让建筑细节更加精致。

进入安土桃山时代后，装饰更加繁复，有的工匠会将金属镂空，以透雕表现花的纹样，有的还会镀上黄铜，甚至还有的和引手一样具有七宝色彩的设计，或是陶瓷材质。

据说江户时代的武士兼茶道师小堀远州喜好七宝纹，在寺院及旧居都留下七宝纹的钉隐。京都的野口家移建在伏见的小堀家的旧居，现在仍保留有七宝纹的钉隐，散发着小堀远州的风雅之情。

东寺的金堂

从小堀远州旧居移建过来的书院长押。花菱纹样为小堀家的家纹

左上图：曼殊院的小书院，富士形及七宝云纹的钉隐

左下图：修学院离宫，线条纤细的钉隐

右上图：二条阵屋"能之间"

右中图、右下图：装饰大觉寺高栏的钉隐

杉本家的座敷

栏间

"栏间"装在鸭居到贴近天花板的长押之间，是以木材组成格子，构成各式纹样的装饰部件。

其最初的形态是宇治平等院凤凰堂的格子栏间，打开门扉就可以见到格子纹样。而从庭园望过去，也能够透过栏间瞻仰阿弥陀佛像。

而栏间开始广为使用是从室町时代以后的书院式建筑开始的，尤其从安土桃山时代至江户时代的建筑内部，可以看到华丽的栏间构造。

在神社建筑中能看到在木材上雕刻花鸟纹样，并涂上多彩颜色的栏间。另外，还有以桂离宫为代表的素雅透雕样式，将四季风光景物的纹样简化并抽象化。如此风格多样的栏间，有许多留存至今。

上图：曼殊院小书院，黄昏之时方形的笠栏间与十六瓣的表菊、里菊的设计配上富士形及七宝云纹的钉隐

中左图：野口家的栏间雕刻着笙、太鼓的活泼设计

中右图：修学院离宫的栏间

下图：桂离宫松琴亭"一之间"与"二之间"分界处的栏间

高山寺石水院，具有装饰性的透雕蟆股

夏座敷

引风入室

引风入室

在某杂志的引荐下，我曾经与三四位世代居于京都的人聚集在一起，出席以"话说京都的住生活"为题的座谈会，谈论祖辈传承下来的生产方式及生活方式。

其中有一位是在祇园经营茶屋的老板娘，父亲掌管生意时，店址位于祇园四条通的北侧，而现在则搬到南侧的新开发地，此新店面为东西向，因而遭人诟病，视其不孝。

京都的市街中，道路呈棋盘状分布，大路、小路直角相交，当住宅沿着路的方向修建，不是东西向就是南北向。如果玄关位于东侧或西侧，夏天清晨的阳光很早就会射进窗户。而京都的风向多为南北向，因此风会受到阻挡，导致住宅内非常闷热。傍晚则夕阳西斜，阳光长时间照射进来。所以按照祇园居民的说法，在京都市区选择南北向的住宅才舒适。东西向的住宅不仅夏天非常炎热，冬天白天也会因为太阳照射角度太低而过于寒冷，实在不适宜居住。

当时我还听到另一件有趣的事情：建于江户初期的桂离宫，是一座沿着桂川河畔建造的贵族别庄，桂川是一条流经都城西侧近郊的大河。由于都城中心会受到棋盘状街道布局的限制，这一带相比而言就自由很多，因此离宫的建筑并非朝向正南方，而是正南稍微偏向东侧。如此一来，不仅赏月的时候可以刚好配合月出的方向，还有一个原因据说贵族在都城里的住宅都是面向正南方，因此来别庄的时候，希望可以享受一下与平常不同的光线与风向。

京都人为何会对住宅的方向这么较真呢？这是因为都城坐落于三面环山的内陆盆地中，夏天非常炎热，加上湿气更是难耐。人们一到夏天就汗如雨下，头脑昏沉到什么事都不想做。

右页图：吉田家的夏座敷，凭借帘户、从竹帘外吹来的风及庭院的绿荫来纳凉

有一位现在仍住在传统町家的夫人说，夏天在家的时候，最愉快的事情就是在通庭及坪庭洒水，而且还要一天洒上好几次。

即使炎炎烈日持续肆虐，京都人也不会去避暑。七月十七日有祇园祭，而这祭典不是只有一天，从准备算起的话是六月开始，一直延续到七月结束。到了八月，各家会举办盂兰盆会，十六日则有大文字"五山送火"的仪式。

二十日之后，各个町内有"地藏盆"，即地藏菩萨保护小孩免受地狱鬼伤害的宗教祭典，小孩们开心地聚在一起。不去避暑，也许就是传统仪式和活动非常多的缘故。

也因此，住宅的构建必须特别注意缓解夏日酷暑。

窗户挂上帘子，并在面向道路的那一侧，挂上间隙更大、面积更广的葭帘。葭帘早上会放在东侧，傍晚时会拿到西侧。帘户及御帘取代了襖及障子，因移除了屋内的隔间而使室内变得宽敞、更加通风，感觉较为舒适。接着在葛蔓做成的绳线所织成的葛布上画上墨绘画，挂在座敷与庭院的交界处。即使没有风，只要人一走动葛布就会随着空气波动而摇摆。光看着如此景象，就能感受到凉风的味道。

吴服老铺杉本家中使用生绢织成的布取代帘子，这种透气的绢布以未经精炼的蚕丝织成，成色透明，日文写作"生绢"念作"（すずし）[1]"。

京町家有"鳗鱼寝床"之称，其建筑是从正面道路直线向内延伸的细长构造，中间会空出一两个小空间，即坪庭。葱郁的草地以及植株不仅能够增添凉意，也能让风流通。这是稍微富裕人家的避暑之法。

引入凉风的巧妙设计，并非这一两百年间才有的。平安京建造完成后，许多人搬入都城居住，从那个时候开始，大家就对夏天的炎热头痛不已。兼好法师在《徒然草》第五十五段亦有这样的描述：

1 すずし：（suzusi）音近"凉爽"（すずしい，suzusii）一词。

杉本家从挂着帘子的座敷望向庭院的景色

> 修筑住房，必须要考虑到夏日的舒适。冬天，任何地方都能住。夏天炎热潮湿，如果住所不舒适，极为难熬。
>
> 庭院的池水如果太深，就没有清凉之感。潺潺浅流，才能感到无限清凉。如果要让室内之物清晰可辨，则安装遣户的屋子比安装蔀户的屋子要更加敞亮。天花板的高度如果太高，容易使冬天室内寒冷阴暗。[1]

平安时代的寝殿式或中世的书院式建筑布局不像现在有小隔间，也未安装襖或障子，家中是一个广大开阔的空间，但兼好法师却有这样的想法。

而且当时广大的住宅建筑，会从附近的小河引水到庭园中造出流动环绕之景，理应比现在的环境更凉爽才是。

虽然平民无法享受到这般奢侈，不过，在京都市街以堀川为中心的地带，有数条小河流经，例如室町川、洞院川等，这些都是在营建平安京的时候，将鸭川河道强行向东改道的产物。可以想象，平民在这些小河、各处涌出的泉水以及井边戏水、纳凉、降温的热闹场景。

夜幕降临，鸭川上支起纳凉床，人们在其上饮酒作乐以忘却白天的暑热。在北山的贵船（地名）也会在溪流上搭建凉床，吹着山林的冷气享受美食。在岚山、宇治川则有行驶在水上的川船，迎面享受水面上吹拂来的凉风。而更寻常的消暑活动，便是在傍晚时分将家里的矮桌拿到路边，邻居聚集在一起，人们扇着扇子，一边聊天，一边下围棋或将棋，热闹且愉快。

而今，街上的高楼大厦排放出制冷产生的热气，地面上也铺着柏油沥青，阻碍散热，人们不得不过着比以前更加炎热的夏天。

---

1 《徒然草 吉田兼好的散策随笔》，吉田兼好著、文东译，时报出版于 2016 年。稍做修改。

吉田家

上图：从二楼的"板之间"越过竹帘感受庭院的氛围

下图：从装上帘户的座敷遥望远处的坪庭

暖帘

暖帘起源于古代寺院、神社门上的几帐或是垂幕。平安时代的寝殿式建筑中放置的几帐或帷帐，应该也与其同源。

后来商业逐渐发达，出现印染着家纹或屋号的暖帘，有类似招牌的功能。

除放置在入口作为标志的暖帘之外，还有朝廷中作为隔间的室内用暖帘。麻料对于缓解夏天暑气有相当好的效果，不过在吉田家的这种葛布暖帘，光是看着其随风微动，便能感受到凉意，可以说这是京都人的智慧吧。

上图：从摇曳的暖帘缝隙中观看坪庭

右页图：吉田家可感受到凉意的葛布暖帘，上面画着以水为题的水墨画

杉本家八叠之间，装上帘户以避暑

帘、帘户

"帘"是使用芦苇（葭）、裁细的竹条、削细的素木[1]等材料，经纬交叉编织而成的帘子，为夏天必备的家居物品。我想其原本的形状应该更质朴，不过在成于平安时代末期的《源氏物语绘卷》等文献中，可以看到竹编而成、周围加上有职纹样绳边的精致帘子。当时尚未有障子，所以不仅是夏天，一整年都会用上这种可以遮蔽视线的垂帘。

日语中用"看墙缝"（垣間見る）来表达"窥看"，也就是男性透过庭院矮墙（垣根）或帘子的缝隙观察女性。当时不流行直接看脸，而是稍微保持些距离，欣赏其衣裳颜色之层叠变化，推量女性的容颜与教养。

"帘户"虽也是帘的一种，但由于是代替障子、襖，因此具有门框的作用，可左右推拉使用。透过帘户，可窥见景色或人影，即便不是平安时代的男子，也能享受这种远观之乐。

1 素木：表面未经上色加工的木材。

上图：杉本家铺着油团的座敷，与前方的植栽间挂有生绢制的帘子

下左图：以缩织[1]绲边的生绢帘子

下中图：以素木紧密编成的帘户

下右图：巧妙地利用竹节的纹路，呈现帘子上华美的锯齿纹样

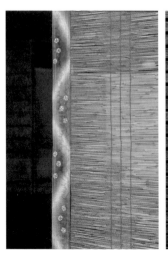

1 缩织：しじら織，为了呈现出布匹凹凸不平的效果而使一边的芯线上紧，另一边的芯线放松。

铺在座敷地面上的油团，是外面涂上湿柿液或漆的夏季铺垫，具有皮革般的光泽

敷物

在京都的传统住宅，习惯在榻榻米的客间中铺上羊毛毯之类的铺垫物（敷物），但在夏天炎热的时候是完全不适用的。因此，通常会铺一些藤编或网编的垫子代替。

其中也常以涩柿液作为和纸的粘固剂，重叠好几张，贴成一张称为油团的铺垫物，又称为笒蓆[1]，虽然我不清楚这个字是怎么来的，但常常用来指铺在地上的铺垫物。这种材质

---

1 笒蓆：アンペラ，为一种莎草科的植物，原产于印度、马来西亚，可以编成草席或芦苇草船。日本所称的"筵"的铺垫物，部分就是用此种类草本植物编织而成。

铺在地上有清凉之感，
也比较舒服。

由于冷暖气的普及，近
年已鲜有人家会随着季
节更换地板的铺垫物，
夏天的居住环境已有很
大的改变。

光线穿过以素木编成的帘户，柔和而美丽。画面前方可以看到地面铺着
油团

上图：高台寺和久传客间的藤编铺垫。右前为提供给客人烧烤料理用的围炉里（地炉），在夏季会放上竹叶营造清爽的氛围

右页图：以帘子、帘户围起的二楼客间。地面铺有藤编铺垫物，创造出一个凉爽的空间

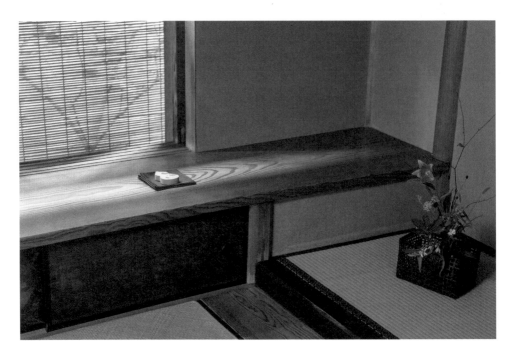

上图：高台寺和久传床之间的付书院，光线透过帘子轻柔地撒了下来

下图：在窗的四周围上帘子，让人感受夏天的清凉气息

台所

圣火之地

万福寺的鱼鼓，用来通知用餐时间

圣火之地

中国古代的五行思想是木、火、土、金、水这五个要素相互循环，构成人类生活的基本。人类作为自然界的一员，五行是日常中不可或缺且必须重视的一事。如果用当今的概念表达，即是所谓的"生态观"，也就是尊崇自然的产物吧。

木生火，这是五行的第一个思想。人类是唯一使用火加工食物的动物，我们利用火烧烤捕来的鸟、兽、鱼等获得肉食；使用器皿烧开水将摘来的植物煮到柔软可食；将从羊、牛身上挤来的乳汁，以及研磨大豆所获得的蛋白质液体温热之后，得到乳酪或豆腐，并食用。燃木、生火，以火加热，是烹饪的开始。

日文中的"台所"在过去原是指将菜肴摆盘的场所，后来与生火、用火的"厨房"合为一体，

位于高台寺时雨亭土间的灶

统称为"台所"。京都人念"台所"（daidokoro）的时候，会省略尾音"ro"，念成短音的"daidoko"。在京都，台所设于玄关直通房子内部的通庭，天花板的挑高到二楼，炉灶[1]的中央设有烟囱。

在我小时候，煤气已经非常普及，我家就有两三个金属制的厚重煤气炉并排放在料理台旁边。不过在昭和三十年代，洗澡仍然要烧煤，而且只能靠火钵[2]取暖。因此，燃料铺会将这些用具，连同用绳子绑成一束的木柴一起送到家里来。由于我的祖母坚持用木柴烹煮米饭，所以傍晚回家的时候，看顾煮饭的炉灶就成了我的工作。我觉得燃烧的火焰很有趣，虽然偶尔会因掺杂潮湿的木柴而窜出烟雾、让人直流泪，不过在那个煤气暖炉尚未出现的年代，冬天的时候我倒是挺乐在其中的。

1 炉灶："东日本为炉，西日本为灶"，灶除了取暖以外，还可供调理食材与祭祀神明。
2 火钵：日本冬天取暖的道具，在器皿里放置灰，在上面放置数支木炭燃烧。

位于京都东山山麓、由北政所建立的高台寺，山脊线上伫立着"时雨亭""伞亭"两个小茶室。据闻是丰臣秀吉最初设于伏见城的茶室，之后移建至此的。

"时雨亭"为藁葺屋顶入母屋造[1]的两层楼建筑，一楼为土间与板之间，二楼只有两个小房间，是个简单素雅的草庵风茶室（第34页）。在安静的山里搭建草庵，居于其中过着与世隔绝的圣人生活，即体现了所谓的"山居之体"。土间并列着两个炉灶，而且还能容下小锅和小釜的土灶，仿佛还原了绳文时代或弥生时代住居的样子。

当许久不见的好友来访，用锅煮开水，先为好友沏杯好茶。另在旁边的锅里放入米，慢慢熬煮成一锅粥。因为是至交，先不着急带对方到二楼的客间，两人可对着柴火取取暖，一边品茶、一边留意着粥的熟度，谈天说地，好不惬意。两人洋溢着笑容，火光照得人脸红彤彤的。抛却了周围多余之物，只留必要的物品，这可以说是一个独居的理想空间吧。

与日本茶道有极深渊源的禅宗——曹洞宗之祖道元，在其著作《典座教训》中提到，所谓的"典座"之职，即掌管做饭、上菜的人，是纯粹而无杂念的修行者。此外他也在《赴粥饭法》中明示：不计时间，认真准备三餐，是精进之道。

京都传统住宅的台所中，会祭拜"三宝荒神"，以守护佛教的三大要素：佛（悟道）、法（经教）、僧（修行），并奉上荒神松[2]、榊[3]、火把祭祀。在灶中焚火，扫除不净，敬灶神。另外，也会请来以制作伏见人偶的土做成的大黑神坐镇，以护法善神的身份共同守护厨房。墙壁上则会贴上"火乃要慎"的符纸，其上坐镇的是京都西北方嵯峨山峦第一高山爱宕山上的爱宕神社火神。由此可知，京都的台所，是一个有各路神佛保佑的神圣空间。

而今，这个空间失去了五行思想中的"木"，"火"转变成煤气，无火的微波炉更占有一席之地。以前用灶生火煮米的时候，必须时时刻刻注意火势，以免火焰熄灭或是突然变强而烧焦。而今，有了方便的计时器，能够通过时间长短掌控热度煮出软硬适宜的白

---

1 入母屋造：结合切妻造与寄栋造的屋顶，筑造比较困难，多见于社寺或比较讲究的住宅。可对应中国古代建筑中的"歇山顶"。

2 荒神松：在西日本，荒神具有火神与作神双重身份，在民间为其供奉青松。

3 榊：一种叫作红淡比的植物，在日本神道教中具有划分圣域，代表繁荣之意。

在大德寺被煤炭熏黑的焚口

米饭。五行不再循环，火焰也无法驱逐家里的不净了。

前几天，我拜访了岩手县安比高原的一户人家，他们当晚以烤肉宴客，庭院中摆着切半的汽油桶，里面放满木柴、燃着火光。主人端上的牛肉一片有 20 立方厘米大，目测重达 400 克。这里的牛都是在附近青草原上自然放牧，因此肉质自是不凡。主人还用心地准备了三种酱料，将肉蘸上酱料后，靠近柴火炙烤，从烤熟的地方开始享用。强烈的火焰在肉上留下美味的焦香，表面烧熟之后，自己用刀一口一口送进嘴里。火烤让酱料的香气完美融入肉中，在口中再次迸发。吃完一块后，下一块再蘸另一种酱料，用火烘烤，不断地重复这样的动作。

那位主人非常谦逊客气地说，是为了省去一一招待每位客人的时间，才想出请客人动手烤肉这样的方法。但是我认为他是深谙料理之道的人，做出了三种酱料并花时间充分安排。

在那一次的晚宴中，我看着秋天高原的夕阳配上通红的火焰，一边吃着如此用心准备的料理，觉得这就是道元所说的"典座精神"和内化的"待客之心"。

大德寺灶上的大锅盖闪着黑光，风格古朴而独特

禅寺

位于京都市北区紫野的临济宗大德寺，曾经与南禅寺并称为京都五山之首。但大德寺在应仁之乱中被烧毁，后由一休宗纯禅师主持重建，这一片广大的伽蓝才得以复活。以三门[1]为中心，接着是佛殿，再往里面会看到方丈[2]与库里。库里是兼具厨房及寺务所功能的建筑物，进去随即是天花板到屋顶的土间和有 5 个炉口的灶，从这里看不到灶本身。另一侧的墙上挂有大锅子，上面的长押木条上挂着巨大的饭勺及网勺。

自创寺者大灯国师开始，大德寺这样的大寺长年保持着禅宗名刹的地位，因此可以想象得出准备修行僧的三餐，或寺院有特殊的活动时，库里应当制作了相当多人的饭食。从被煤炭熏黑的焚口，下方石头的排列和灶、料理器具等，都可以窥见简朴而有力的细节设计与岁月痕迹。道元禅示的"典座为修行之道的厨房"，或许正是如此吧。

如今，这里仍会在一年一度的秋之大灯国师的回忌仪式上，开火煮食。

1 三门：寺院的门通常称为"三门"而不称为"山门"。三门指空门、无相门、无作门的三座解脱门，意为入净土前必须走过的门。
2 方丈：佛寺内住持的居所。

上图：焚口的石头排列整齐

左页图：大德寺库里（厨房）的灶与炉口之间有墙壁阻隔。图片为放置大锅、大釜的灶

町家

位于西洞院绫小路东侧入口的杉本家，过去是卖吴服的大店，可谓豪商。以此为中心，附近的区域又称为杉本町，从家族中分出的支脉、职员以及染色加工从业者等都住在附近，维系着彼此的关系。

京町家的台所一般设于宽一间（180 厘米）的通庭中，但杉本家财力雄厚，台所的宽度是通常的两倍以上，天花板甚至挑高到三层楼。

抬头一望，光线从东、南、北三侧的明障子射进来，或强或弱。由梁、束、贯组合而成的屋架具有多重直线构造，不管从哪个方向看，都是美丽的几何纹样。

以前，灶的数量比现在多一倍，可以想象在这个宽广而高耸、充满着烟与蒸汽的空间中，为准备大量的餐饭以及款待来客的茶席，人们在此忙进忙出的样子。

上图：贯穿南北的通庭深处设有灶
下图：杉本家台所排烟处开放高耸的天花板

从灶一侧望向南侧高窗的明障子

杉本家

右图：守护台所的护法善神"大黑神"

下图：京都人尊称灶为"灶神"，以前有8个炉口（焚口），即"八灶"

右页图：将通庭一分为二的屏障

郊外的民居

井上家位于嵯峨大觉寺附近，长期担任信徒总代，历史上是拥有广大的田产以及山林的富农，现在的茅葺建筑已有三百五十年的历史。台所位于宽广的土间，圆弧状的白色灶具有 7 个炉口。

一般而言，灶以黑色居多，不过这里的灶使用自家竹林深处的白色黏土制成。圆滑的曲线十分优美，可以感受到制作的手艺人精湛的技艺，尤其表面抛光是用山茶树叶打磨的特殊技法。

见于右侧较大的灶是所谓的饰灶 [1]，平常在这里祭拜荒神松与榊枝，而正月做打糕之前，用这个灶蒸糯米。

在广大的土间中，有一个被石头围起面积为半叠左右的空间。迎接新年的除夕夜要在这里生起火，当深夜宣告除夕夜之钟响起时，要用饰灶的火点燃火把，向附近的松尾神社拜新年。这是与京都有密切关联之地的传统住宅才有的重要仪式，我衷心希望这一仪式能够永远流传下去。

井上家的台所

上图：具有圆润曲线的灶，以山茶树叶磨亮

左图：具有 7 个炉口的灶。最大的饰灶是正月蒸糯米使用的。其前方铺着草席，饰灶的下面部分则为储藏用的"室"

1 饰灶：正月用来磨麻薯、祭祀神明用的炉灶。

上图、右页图：井上家的台所。锅和釜共 7 个，用途分别为煮汤、煮沸开水、炊米等

下左图：在土间的一角有一个用石头围成的生火场所，称为"长者火"

下右图：柱子上贴着"火乃要慎"，这是从爱宕神社求来的护符

上左图、上右图：黑到发亮的釜（锅）倒扣在京见峠茶屋的灶上

右页图：直到明治中期，京见峠茶屋仍为翻越山岭的旅人提供住宿，房间的陈设则保留了江户时代的旧貌

山岭的茶屋

京都市街往北到日本海的丹后若狭海边，有三条街道，其中一条西北向的周山街道途经京北町、美山町，一路延伸到日本海。现在京都中心开辟了一条从福王子到高雄的车道，交通更加便利。但是在原来，由鹰峰越过京见峠、穿到杉板，是比较方便的近路。

京见峠，如其名所示，位于可以眺望京都市街的地方，从那里可以欣赏到壮观的景色。那里有一间独立的茶店，称为"提灯屋"，供进京之人或是出京之人中途休息，有时也提供住宿。由于借提灯给这些旅人，此名便成了屋号。

如今，这里成为来到北山远足的人们停留的地方，非常热闹。此外茶店内也保留了往日的灶。这个周围流动着冷冽空气的山屋，将继续为人们提供一个温暖的空间。

京見峠茶屋旧貌

腰高的灶称为"高灶"，在上面摆上神符，供奉松枝与榊枝

坪庭

被围起的空间

被围起的空间

居住在京都，人们的日常生活与庭院密不可分。

正如前文所述，我三岁到十岁居住的地方，是位于洛南伏见的大龟谷这个安静的住宅区。从"谷"这个地名可知，这是一处地处两山之间（即东山三十六峰南端的深草山与桃山之间）一处和缓的丘陵地带。与京都市中心的町家不同，这里是大正时期到昭和初期（约为 20 世纪二三十年代）新开发的住宅区，当时的有钱人因不想被局限在京都市区的棋盘状方格式规划内，而选在此地盖起宽阔舒适的住宅。

我家在这样的郊外豪宅租下二楼的空间居住，面积大概有 990 平方米之广，除去在建筑南侧的庭园也还有 660 多平方米。

庭园的中央有枯山水风格的石组造景，周围有大树环绕。在小孩的眼里这简直就是有山有谷的天堂，要玩捉迷藏可以躲在大石头后面，爬树也趣味无穷。春天树上绽放山茶花、樱花，秋天可以捡拾橡果。在我的童年记忆中这里应有尽有，蕴含着无穷无尽的乐趣。

后来，在我十一岁的时候我家往南搬到宇治川畔。这次不是租单间，而是一整栋两层楼的长屋，但是面积比以往的家小得多。在东西向窄长的家中，只有一处位于最深处 33 平方米大小的庭院，那里种了藤树以遮蔽西晒。当时正值二战后粮食短缺的年代，院子里还有鸡窝以及存放煤炭、米袋的小屋。可见称之为庭院的地方，就像是猫的额头一样狭小。

先前所住的南北向宽广、在南侧有广大庭园的住宅，以及后来东西向细长的长屋住宅，两者在冬、夏两季居住的舒适度方面都没有太大的问题。尽管已时隔五十多年了，我对此仍记忆犹新。

右页图：宇津木家的坪庭，二楼往下望的景象

料亭富美代的坪庭

运用石头、土、苔藓呈现充满绿意的景观

住宅周围的空间环境至关重要，应该是我从孩提时代的日常生活中，懵懵懂懂意识到的。

不论是东方还是西方世界，庭院最早都是祭祀神明的神圣场所。后来人类开始定居生活的时候，才围起了围篱来栽培农作物或是饲养家畜。

再后来，人与人之间开始有了身份之别，出现王族、天皇等象征性人物。身份显贵的人们在庭院里种起了雄伟的树木、美丽的花卉，将其打造为能够安定心神的地方。

此外，庭院也变成不是任何人都能够轻易进出的空间，开始被围篱围起。在权力斗争愈发激烈的时代，住宅外围筑起更坚固的围墙，还有护城河保护。

所谓的坪庭，本来是指相邻的雄伟建筑物之间的连接空间。据说一开始是利用建筑与建筑之间的空隙作为中庭，种植桐、荻、枫、樱等植株供人欣赏。

"坪"常常对应到"壶"这个字[1]，代表其存在一种"通路、通道"的含义。除此之外，我认为这个被建筑物包围的空间，感觉就像是在壶中一样，所以才有了这样的对应关系吧。

在农家的庭院常常可以看到收割好的农作物被搬进来脱壳的景象，而不管是稗、粟、米，从古至今用来贮存这些谷物的都是陶制的瓮壶，人们期望年年有余，想象着瓮壶中的神明可以保佑五谷丰登、丰衣足食。

建造偌大的建筑物并居于其中，将庭院设为祭神之地，打造成微缩自然美景的空间，以崇敬之心待之。

中世镰仓时代（1185—1333）禅宗传入日本，茶道在其影响之下发展，确立了面积仅三叠或四叠半（4.86 平方米或 7.29 平方米）的小草庵的建筑形式，希望在市中心营造出山居之形。建筑物越小，庭院当然也越狭小。一个符合都市规划的市街、凝聚浓缩的世界就此建立。

---

1 "坪"与"壶"在日文中是同音字。

吉田家的坪庭，从座敷望去的景象

进入江户时代，富裕起来的町人尽管不精茶道，但家里仍需要一个坪庭空间。京都市区是按玄关的宽窄（间口）来决定税额的，自然而然就形成一种横距狭小、纵向延伸的窄长布局。

此外，为分隔店铺、迎接客人的接待室这样的"外部"空间，与生活起居的"私人"空间，两者之间需要一个类似坪庭、有阳光洒下、种有植物的疗愈人心的空间。虽是仅一两坪（3～6

平方米）的小空间，坪庭的存在仍非常重要。

造访乡下的农家时，坐在南向的长檐底下，前方有着宽广、无任何修饰的平地，在那里可以看到收割好的豆子或米谷被摆放在席子上。我强烈地感觉这应该就是庭院的前身。

不过，我在京都市街的时候，偶尔会造访禅寺，当我欣赏那些精心安排的枯山水小庭院时，又会感受到另外一种美好氛围。还有拜访保留传统风貌的京町家时，当我面对着庭院与主人欢谈，也会感佩于京都町人留下的美好事物，常常不舍离去。

话虽如此，京都近来也开始出现缺乏规划、四处乱建的高楼大厦，当传统建筑消失不见，神明恐怕也会失去栖身之地啊。

町家

京町家的布局大多都是门脸窄、进深长，据说是棋盘状的道路规划，以及房子的门脸越宽，缴税就会越高的原因。

如此窄长的住宅中央必定会有阳光照射不到的地方，因此会在两三个区块之间设置小小的坪庭。

在这里，白天沐浴阳光，夜晚点起灯笼。即使小，但只要种上两三棵树，铺上苔藓营造出绿意，就能让人的眼前一亮，夏天让人神清气爽。

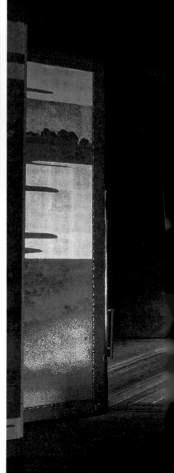

吉田家的坪庭

上图：从二楼望下去的景象

右图：从玄关望向坪庭的景象

造景者考虑到从不同角度看到的景象各异，在一个小空间里就可以观察到晨光夕辉、四季变迁，感受到风雨的气息。

有一年冬天，我在祇园的茶屋小酌，看到白雪降到小小的坪庭之中，薄薄地积在苔藓上。虽然身处一个狭小空间，却也能感受到冬季的静美，享受到片刻的欢愉。

宇津木家的坪庭

右侧是白色灰泥墙壁的仓库，左侧为座敷。细长的坪庭中有一条濑户烧[1]铺成的庭院小路

1 濑户烧：爱知县濑户市及其周边生产的陶瓷器总称。

114

上左图：铺满苔藓的水井边

上右图：设于坪庭的蹲踞[1]。坪庭可作为茶室的露地，或为待合

下图：从茶室的入口望出去，可以见到蹲踞与石灯笼。左上的袖垣[2]内侧有举办茶席时汲水用的水井

---

1 蹲踞：前往茶席前洗手、漱口的地方。

2 袖垣：与住宅结构相连、向前突出的窄幅围篱，用以遮蔽视线。

禅寺

平安时代（794—1185）的天皇及贵族的寝殿住宅内有占地广大的庭园，多为仿造风景名胜及美丽自然景观的池泉式庭园。到了室町时代（1336—1573），武士阶层统治的确立促使禅宗寺院增加，庭园也与过去不同，枯山水成为主流。

庭园的面积变小，采取大胆而省略细节的设计，凭借观赏者的想象，反映出自然景观的一部分。日本最古老的庭院画《作庭记》中提道"无池，亦无遣水"，枯山水以相同的观念为指导，将白砂做成浪形，用来当作海；放置岩块，意指为岛；立起高石表现山，如此引人注目。

水墨画以单一墨色的浓淡来表现色彩世界，而庭园也有相同的特质，古人云"墨有五彩"，庭园可以让我们联想到大自然的美。

上图：位于库里的书院南侧石庭"溽沱底"的阿哞之石，相传为聚乐第的遗物
右页图：大德寺龙源院的枯山水。方丈东侧的"东滴壶"，以砂与石表现深奥的世界

大德寺孤篷庵

上图：书院前的坪庭，石灯笼下面有蹲踞

右页图：只有砂、水手钵的坪庭。回廊一角的水井可早晚汲水，具有功能性

大德寺大仙院东司前的景石、山茶树、水井。坪庭简单而素雅。大仙院有许多代表室町时代的枯山水，对后世影响深远

大德寺龙源院石庭"潨沱底"的水井

祇園会

都城的功能

都城的功能

人类要想在地球上持续生存下去，最重要的就是要对自然心怀崇敬与畏惧。人们采集山野中的果实及花草、猎捕奔驰的野兽，在最原始的时代，风吹雨淋之下，人类无时无刻不感受到生命威胁。当冬天暴雪来袭，仿佛一切都封冻在冰雪之下，或是酷夏干旱，大地干渴龟裂之时，人类不由自主地会开始思考究竟能否生存下去。

进入农耕时代以后，人类开始注意到季节更替与作物的生长密切相关。因此，在春天播种及育苗之前，人们祈祷风调雨顺；入秋后，作物丰收、果实累累，再次举行祭典感谢上苍。尽管这样的习俗在各地形式不同，但古往今来，世界各地的人们祖祖辈辈都遵循这样的习俗生活着。

在日本，人们举行春祭和秋祭，以村落为单位聚集在一起，向守护森林的神明祈愿、感恩，献上贡品、载歌载舞以表达谢意。而像日本这样的稻作国家，田乐[1]应该是最原始的形式了。在作物生长过程中，则会举行夏祭。因为使作物丰收的首要条件，就是雨水丰沛与阳光充足。若雨水少，作物将无法生长；但是物极必反，一旦梅雨季延长、雨不停地下，就会导致河川泛滥、倒灌田地，连房子都会被冲走。水的力量是强大的，人类应心存畏惧。

距今一千二百余年前，在三面环山被称为京的盆地内，人们仿照中国唐朝的条坊制，计划在此营建都城。此地有一条称为堀川的大河流经都城中央，但对于大内里这个天皇居住的政治中心而言，贯通都城南北的朱雀大路旁边有大河流经，不利于都城建设，因此建造者硬是将源于北山的河道向东改道，成为现在的鸭川。以人力将河流改道，违背了自然的规律，其报应随之而来。除此之外，为了建造宫殿和贵族的住宅，人们还在北山大量砍伐树木，导致北山丧失保持水土的功能，进而大量土石流入鸭川。这条向东蜿蜒的河川，到底是脆弱的，溃堤造成的水害，淹没了京都市街，造成疫病肆虐。

---

1 田乐：兴盛于平安时代中期的日本传统民俗艺能。一开始是播种前祈祷丰收的祭神歌舞，后发展为贵族的娱乐。

函谷鉾的屋顶上立有真木，并插有榊叶

祇园会与其他祈求丰收的祭典不同，这是日本最早的城市祭典。其前身是镇压疫病的御灵会，祈祷梅雨季的降雨量不会过多而导致鸭川泛滥，民众在真木上加上枪叶，将"标山[1]"竖立起来，并抬起神舆前往神泉苑祭拜，这一风俗持续至今。

之后，都城的状况慢慢稳定，郊区及各地农特产品开始流通，商业经济模式确立，在远离朝廷政治中心之处开始出现做买卖的个体商人。因此创业者慢慢聚集到现在的室町通、新町通一带，房舍鳞次栉比，形成町、通等组织单位，热闹繁华。祇园会是由城市居民发起的祭典，其主导者正是这些富裕的商人，形式也逐渐繁复了起来。

从绘于当时的《年中行事绘卷》中可一窥祇园会的盛况：田乐法师一边演奏着笛子和太鼓，一边跳舞；一名男子手持挂着御币[2]的大竹子，打开扇子在前方引路；后面有一个公家打扮的人骑在马上，还罩着装饰有绢布的风流伞[3]；还有数名舞乐的舞人在肩上扛着长刀，上面挂着小幡旗，四台神舆紧跟在后；在路旁观赏的，除了乘着牛车的公家贵族，还有平民。当时的年代虽然还没有大型台车的鉾，但已有现在长刀鉾的雏形了。像这表演结合祭礼的活动也有种贵族与民同乐的感觉。

时间继续向前，祇园会上出现了华美的队伍，公家、武家以及作为主导的城市居民成为不可或缺的三股力量。从镰仓时代到室町时代之间，出现了和今日一样巨大的鉾，并在山上设置舞台，表演各式的传统艺术。不仅如此，拥有山鉾的各个城镇互相比试其华丽程度，一年比一年激烈。祇园会不仅成为都城最大的祭典，也成为闻名全国的城市祭礼先导。

由于应仁之乱造成了长期战乱，使得这样盛事不得不中止了大概三十年，而后终于复兴、恢复了往日的盛况。此时，织田信长、丰臣秀吉等战国武将来到京都。欧洲的西班牙、

右页图：天井以金地着彩百鸟图作为装饰

1 标山：祭神的山形造型物，为山鉾的原型。
2 御币：供奉给神明的币帛。古时是用布帛，后来演变成用竹或木制的币串夹上金银色或白色的纸垂。
3 风流伞：装饰华美的长柄伞，在祭礼行列中使用。

仿造船形的船鉾，其船尾部分有个大舵，装饰有黑漆螺钿[1]飞龙纹

1 螺钿：磨制海贝、螺壳成薄片，根据需要镶嵌在器物表面上的一种工艺技法。

葡萄牙拉开大航海时代的序幕，掀起的波澜波及这个小小的东亚岛国。在博多、堺、长崎等港口，除了中国明朝的珍稀文物，南蛮人还带来了许多来自波斯、印度和欧洲大陆的珍贵物产。这些物产大部分都运往都城，满足了拥有权力的武将、因经济发展而致富的商人以及祇园会操办者的攀比心理。

现在祇园会的山、鉾装饰大致成形于日本开始国际化的时代，即在安土桃山时代到江户时代初期。在山、鉾上挂上中国周边游牧民族的手工编织地毯、波斯及印度的绒毯，还有来自欧洲的壁挂、日本画师的画作等富有国际色彩的装饰。在某些人看来这似乎设计不统一、定位混乱。但是看看现在的东京或纽约街头，有意大利的时尚品牌，有来自巴黎、伦敦的商铺，当然也有日本的和服店，餐厅也同样可以品尝到世界各地的美味。现代化的都市，能够汇集全球的物产并加以融合，展现出多元立体的国际面貌，这就是所谓的都市功能。

祇园会的举办，反映出 16 世纪末期到 17 世纪京都的都市繁荣。

上图：船鉾的高栏

右页图：仰视角度拍摄船鉾上涂着朱漆的高栏

色彩与形式

当问到祇园会的代表色，回答一定是"赤红色"。旧历的六月，梅雨季结束。碧空如洗，艳阳高照，当巨大的山鉾开始移动时，众人的目光不正是聚集在那金辉映衬下的赤红色吗？

过去，人们为了相互攀比，竞相挂上印度、波斯的绒毯和更纱、绣着希腊神话人物的比利时制壁挂，还有中国明朝的绸缎丝织品。其中一部分现已褪为黄褐色，但大多数原本都是红色的。

这样浓烈的色彩，正是最适合巨大山鉾的，也让当时访日目睹祇园会的欧洲人脱口而出"凯旋车"。

都城的人们应该也是喜爱这种欧洲传来的赤红色，惊叹前所未见的、充满异国情调的伊斯兰纹样以及欧洲传统设计。

紧接着，这些元素为京都西阵的织屋、堀川的染屋以及画匠提供了灵感，为手工艺制品的创作带来影响。

函谷鉾

左页图：金色的御币，前挂使用了 16 世纪比利时制的壁毯

上图：破风[1] 内侧画着中国故事《鸡鸣函谷关》中的鸡

下图：裙幕的五金与装饰

1 破风：屋顶正面或妻侧构造外露时，外侧贴上风檐板，避免内部屋架受到风雨侵袭而破坏的一种构造，同时具有装饰性。

133

月鉾

上图：屋檐桁条上布满贝壳金饰

下图：天井上的扇面散图绘于天保六年（1835）

月鉾前挂是印度制的华丽绒毯

印度制华丽绒毯

太子山是智慧的守护神

祈愿

祇园会是祇园八坂神社的宗教仪式。祭典期间，神明会从神社移驾到现在位于四条寺町的"御旅所"[1]。山鉾从御旅所前面经过，表演乐曲杂子并展现其装饰给神明看。因此，这些山车其实是献神的圣物。

车顶上耸立着真木，再插上献神用的神叶，主体四面挂有也纸币，华丽者甚至会使用闪耀着金色的纸币。

1 御旅所：供神明降临时休息的场所。

太子山是智慧的守护神

等待巡行的街角景象

左上图：保管月鉾装饰品的仓库，饰有纸币的注连绳[1]

右上图：杉本家的装饰

左下图：保管鲤山的装饰品的仓库

右下图：放在长刀鉾前面的角樽

1 注连绳：标示出祭场，或是区分"圣""俗"境
　界的稻草绳。

设于鲤山町的祭坛

装饰

祇园会对于负责准备山、鉾的民众而言，是一年的传统活动中最重要的大日子。家家户户会把临街的格子或门扇拆除，使之整个开放，向路边的民众公开展示家里的样貌。因此人们会在家中摆出珍藏的美术工艺品，展开美丽的绒毯、垂下御帘、以屏风、插花和古董衣裳装饰，炫耀自己的品位。"屏风祭"这个别名就是这样来的。

人们对祇园会的重视不只蕴含了不能输给隔壁街的好胜心，还交织着想要显得比隔壁邻居还要富裕的虚荣心。都城的民众在祇园祭典当中，展现着自家的财力、流露着争强好胜的心态。

上图、下图、右页图：公开展示织物与屏风的吉田家样貌

桥弁庆山的提灯

第二章

装点古都街景与建筑的设计

追忆美丽的京都街景

有一年夏日，一个偶然的机会，我登上了新建的京都车站的顶层。从那里往北看去，可以眺望群峰相连的北山。东北有比叡山及东山三十六峰，西北有爱宕山、嵯峨岚山等。如今回想起来依然觉得将三面环山的京都盆地一览无余的经历实在是有趣。

但是换个角度，从远处看这栋新建的京都车站，就像是停靠着的一艘巨大军舰。当时在建设这个车站的时候，这里也被质疑不适合作为古都的玄关，而引发了激烈的议论。

遥想当年营建平安京的时候，在通往大内里的朱雀大路与东西贯通的九条大路交会之处，也就是在包围王城的城墙正南方，设置了一座罗生门。从这里向北延伸的路、直通大内里的朱雀门，是大内里的主要干道。为了镇守王城，在罗生门的东西两侧建立了东寺（左寺）和西寺（右寺）。虽然平安京的条坊制是仿照唐代长安城规划的，但由于朱雀大路以西为一片湿地，无法发展为城区，后来东半侧成为都城的中心。南北向的重要道路因而转变为从东寺东侧往北延伸的东大宫大路、西洞院大路以及东洞院大路。

由南而北俯瞰这个现代版的《洛中洛外图》时，首先映入眼帘的是突兀的京都塔。这座塔从建设之初就引发争议，数十年后，当我改变视角俯瞰它时，这个想法更加清晰了。

现在京都车站所在的位置，东西向位于八条通与七条通之间，南北向则位于西洞院通与东洞院通之间。而近代成为主要干道的乌丸通就位于这之间，正对着京都车站。因此，京都车站可以说是现代京都主干道路的罗生门，从京都车站上面看出去的景色，应该接近以前从东寺五重塔往下望的景观吧。

东寺最初是官营的寺院，后来难以为继，便于嵯峨天皇在位时被赐给了弘法大师空海。空海建造了五重塔、讲堂等，又将寺院整休了一番，这里成为包括贵族、平民在内的大多数都城居民的信仰地。

在建造之初，东寺五重塔上的屋瓦应该有混合黑色与茶色的斑纹，高栏及柱子的表层涂朱漆，连子窗为青绿色，可以想象得到那奢华的样子。明治时期以后，社寺不流行上彩，于是屋瓦一律变成黑色，窗户及柱子袒露天然木质的茶色，不过那雄伟而优美的姿态仍拥有震撼人心的力量。这是京都塔无法企及的。

从京都车站的十一楼眺望，首先会看到东本愿寺和西本愿寺宏伟的屋脊，清一色的黑有一种古朴的美。但转念一想，本愿寺是安土桃山时代丰臣秀吉从大坂迁移过来的，并在德川家康掌权时再分为东、西两寺[1]，因此并不算昔日固有的景象。

我望着东、西本愿寺的大伽蓝，继续环顾其周边，注意到高楼大厦突兀地处于其中，不论高度、颜色还是设计，完全没有考虑到与周围环境的协调。其中还穿插着夸张的纹样、色调不相称的招牌和霓虹灯，夺人眼球。

京都已经不像我小时一般，从稍微高一点的地方眺望，就可以看到棋盘状排列的大路小路、井然有序的黑色屋瓦。那样的景观如今已看不到了。

我在撰写这篇稿子的时候正逢旧历八月十六，是大文字山的送火之日。这个传统活动从中世开始举行，原为盂兰盆节时迎接及恭送死者灵魂的习俗，后演变为环绕京都市街的五山举行的仪式，即著名的五山送火。

在大内里迁至现在的京都御所之时[2]，据说有考虑到从京都御所的位置能否将送火的景象尽收眼底的问题。但在高楼大厦林立的今日，几乎已经找不到能一次看尽五山样貌的地方了。

数十年前我在京都御所的西侧租了一间小小的事务所，位在"新町通下长者町上"这个地方，地名来自过去居住于此的有名望的长者。在室町时代这里曾是将军的宅邸，而与

---

1 西本愿寺的正式名称是龙谷山本愿寺，为亲鸾所创的净土真宗最大教派。在天正十九年（1591）得到关白丰臣秀吉支持，将本山迁移至京都下京区的现址。而本文所指的是 1602 年前继承人得到德川家康支持脱离教派，在本愿寺东侧另创真宗本庙，通称为东本愿寺，形成东西对立局面。

2 大内里原本位于现在的北野一带，1227 年发生大火后几乎被全部烧毁，没有再重建。天皇的居所后来迁移到现在的京都御所。

之来往的典药头 [1]、装束司 [2]、绘师、御果子司 [3] 等人的住宅也聚集于此。

事务所位于一栋四层楼的建筑中，当时高楼层的建筑还不是很多，从窗边眺望的景观非常好，可以将大文字送火的五山一览无余。白天爬到屋顶时，除了看到附近的宅邸外，还可以瞭望位于西北的西阵的建筑屋脊，那种色彩一致的美感，真的无法用语言来形容。

安土桃山时代，丰臣秀吉在京都中心兴筑环绕其外围的御土居，以此为界分设了洛中与洛外，复兴了京都的街市繁华。

另外为了迎接天皇的到来，又建造了聚乐第，并在方广寺筑起大佛殿。不过，他并非只是盲目地建造这些豪华而巨大的建筑，对于街市的整顿也尽心尽力。当时在日本的葡萄牙传教士陆若汉 [4] 在其著作《日本教会史》中有这样的记载：

> 由于向全体市民下令建造两层楼的房屋，正面须以杉（或桧）等贵重木材建造。众人火速实行，使得不仅道路变宽，市容也变得相当整齐、美丽。

> 都城有着广阔的道路，无比洁净。中央有小河流经，干净清澈的水流经整个市区，道路也是两天清扫一次，并进行洒水。因此，道路非常干净且令人舒适。人们各自打扫家门口，因为地面有倾斜，没有泥土淤积，即使下雨也很快就干了。

当时黑瓦应该还是稀有品。备前池田家家传的《洛中洛外图屏风》约成于丰臣秀吉过世的二十年后，在画中可以看到内里、二条城、伏见城等城郭，以及大寺院、大宅邸之类

---

1 典药头：典药寮是日本战国时期负责诊疗、管理药园的部门。典药头一般由精于医术者担任。

2 装束司：在朝廷仪式及天皇行幸时，管理其服饰及配饰配件的官员。

3 御果子司：专门掌管制作和果子的师傅。

4 陆若汉：Joao Rodriguez, 1561—1633，葡萄牙人，耶稣会士。少年赴日，1580 年入耶稣会，擅长日语，受到丰臣秀吉的重视。著有《日本语文典》《日本语小文典》《日本教会史》，多记述安土桃山时代的日本文化，受德川家康锁国令的影响，被驱逐到中国澳门，后来到中国大陆，卷入明朝末年的战争，逝于澳门。

的建筑物使用瓦的景象，但一般的民居则是以板葺及柿葺 [1] 屋顶为主。此外，还可以看到屋顶设置的小墙——卯建，曾用来阻止火势蔓延。里面有一栋约三层楼高的白壁仓库，可能也是为了防火而铺上了瓦片。各个町内的房子，屋檐与屋脊井然有序，美观而统一，并不像是绘画虚构出来的景象。得益于丰臣秀吉的都市规划，京都才得以再度迎来繁荣。

然而，宝永五年（1708）油小路通姊小路一带起火，火势随着西南风往上延烧，烧到四条通及今出川通一带，甚至往东烧到了到鸭川，这场大火整整烧了两天。受灾区域包括御所及公家的大宅院。无独有偶，天明八年（1788）鸭川东岸起火，延烧到西岸的市中心，更是将整个市街烧个精光。受到大火的这般洗劫，就连较小的临街店铺也开始在屋顶铺上轻量的烧瓦，此后黑瓦统一了京都上空的景观。京都再度遭受火灾是幕末尊攘派与幕府之间发生战乱的时期。元治元年（1864）京都市街因长州军发起的蛤御门之变而陷入火海。

由此看来，我这一代人在孩提时代所见的京都，是丰臣秀吉推动都市规划之后历经数次的大火重建的，并非维持了一千两百年的样貌。我在前面也提道，京都绝非一座“平安”之都，它历经许多天灾、战乱，还有数不清的大火将都城化为焦土……

不过我想，每次重建都应该考虑到了建筑与街景的和谐一致。

有一次，我拜访了本书介绍过的杉本家和野口家，询问他们历经元治元年（1864）大火 [2] 后于明治初期重建的事情。两家都提到家中深处的瓦葺土藏 [3] 幸免于难。而重建之后安放在屋顶夹层的栋札 [4]，上面记载着工长的名字。野口家的工长为“宫大工·三上吉兵卫”，使用铁杉建造的“栂普请” [5]，采用榫接工法，完全不用钉子，以腕木支撑桁条，天花板为“大

---

1 柿葺：使用薄木板铺建屋顶的工法。“柿”指的是厚度最薄的木板。

2 这场大火源于幕末的禁门之变，京都市区陷入一片火海。因为延烧速度太快，而有“どんどん焼け”的别称。

3 土藏：相比木结构的主屋，日本建筑的仓库多以土墙及瓦葺屋顶盖成，称为“土藏”，具有防火功能。

4 栋札：新居落成时在安置中脊之前，钉在正梁或安置在屋顶夹层的木牌，以祈求阖家平安。栋札上会记载神明、屋主、栋梁以及建造人的名字。

5 栂材为一种松科的树木，心材淡褐色，边材淡色，纹路优美。普请为建筑、建造之意。在关西，栂普请比桧普请还要高级。

和天井造"[1]，再现了梁木及地板之间的雅趣与对照。这些木结构的特征，让我们得以一窥江户时代传统沿街店铺的建造样式。

杉本家是在第六代新左卫门为贤当家时重建的，栋札上的工长为菱屋利三郎及近江屋五良卫门，还有分别担任肝煎[2]要职的津国屋宗与近江屋要藏，还记载了分家及别家的名字。

我想，在传统的建造过程中屋主和工长都应该考虑过附近的景观，一边画着图，一边充分讨论吧。不像现在，光靠几张细线全混在一起的蓝图，更不会有趾高气昂的建筑家、设计师，或是什么所谓的室内设计师。工长的名字就这样默默地深藏在屋顶夹层的栋札上，他不会因此而声名远扬。

尽管经过上百年的时间，灾后重建的建筑物仍然保持着美丽优雅的外观，而且居住起来非常舒适。同时充分地考虑到京都的街景与自然更替，尽力与之相协调、融为一体，与周围的景色相映成趣。另外，能够躲过火灾的土藏着实令人惊讶，应该有很多值得现代文物保护工作者学习的地方。

最后，我要再次引用陆若汉对于京都的描述：

> 京都为全日本的首都，为其国王的宫殿所在的都城，是一个高雅而人口聚集之地，属于五畿内五国之一的山城国……位于三方为高山环绕的广大盆地中心，和山有段距离，因此完全不会被阴影遮挡。东有东山群山，东北有比叡山，北有北山及鞍马，西有西山及爱宕山，南侧则是平坦开阔的。在这些山岳当中，拥有华美寺院建筑的修道院及大学[3]坐落其中，并有着无与伦比的舒适庭园。

虽然没有到"完全会被阴影遮挡"的程度，但是真希望现代的京都人能多少注重一下建筑与周围环境的关系，至少找回一点明治时期民众与工长所拥有的审美吧。

---

1 大和天井造：一种没有天花板、将屋架外露的做法。因为没有天花板的遮掩，所以必须要用良材，也比较费工，要达到屋架构造的梁与床板的材料和构造之间呼应并起到装饰的效果。
2 肝煎：江户时代的职位中，担任"支配役"或"世话役"等管理职务的人。
3 原文以葡萄牙文描述，对应到佛教建筑的话应为方丈及法堂。

门

人穿越门的特殊意义

人穿越门的特殊意义

有一次，朋友借给我看江户时代的风俗图屏风，画中对于门的描摹，给我留下了特别的印象。该作品名为《正月三月节句风俗图》，是六曲一双的屏风画，虽然尺寸不算很大，但是其描绘了江户中期的京都景象，也能欣赏如题名般的节令习俗，非常值得玩味。

右侧的正月风景来自武士家宅邸，白壁围墙、桧皮葺顶的门，装饰着气派的正月松。可以看到大黑舞的表演者正要穿过门，后方还有几位前来拜年的武士，他们以跪姿低头对着门，这是在拜访位高者时，礼仪端正的表现。

门的内侧，即宅邸内画有房子，女主人正在迎客，只有她看起来比较紧张，旁边有玩手鞠的女童，前庭还有玩羽子板[1]的孩子、万岁贺词的表演者，这是一派与门前不同的，气氛轻松的景象。

日文中有一句谚语是"入门脱笠"，意指礼仪的重要。而这个屏风虽然只是碰巧画下了当时高级武士宅邸的样貌，但是从画面里可以清楚地看到，以门为界，在门外的人庄严肃穆，而在门内的人则轻松自在，两者之间形成鲜明的对比。

说到门，会让人联想到平安京的罗生门、朱雀门，或是欧洲的凯旋门等这些划分城市内外的大门。我觉得人穿过大大小小的门是带有某种特殊意义的。

将时代稍稍往前推移，来看安土桃山时代画坛的中心人物狩野永德所描绘的《洛中洛外图屏风》，这个屏风因为是织田信长送给上杉谦信的，因此又称为"上杉本"，宽大的屏风上面画着南禅寺的三门。

右页图：京都御所堺町门上的五金

1 玩羽子板：日本正月的孩童游戏，如果没有接到羽毛毽，就要被对方在脸上画墨水的惩罚游戏。

屋顶不是现在的瓦葺，是桧皮葺，不过形状倒是与现在差不多。在二楼可以看到火灯窗以及回廊，而高栏不知是否由朱漆涂制，总之被涂成了红色。现在的建筑据说是江户时代重建的，但仍然能感受到安土桃山时代的雄伟宏大之风。而穿越通往佛殿圣域的三门，应该具有特别的重要意义吧。

关于门的轶事，我想起同属禅宗临济宗的大德寺三门。从创建开始约六十年的时间里只盖了第一层，上层迟迟未动工，搁置在旁，后来在当时的美术工艺权威千利休的指导下，终于得以完成全貌，但这也使丰臣秀吉与千利休之间的芥蒂更深[1]。

由"门庭若市"以及"门前町"两词可知，社寺的大门不只是供虔诚的访客来往通行，我觉得还隐含着聚集人气、带来兴盛的企盼。

我曾到中国古都西安旅行并造访了法门寺，当时法门寺因为从地下挖掘出许多唐代珍贵文物而广受关注。但该寺离西安市区相当远，将近 120 千米，坐大巴单程就要花费 3 小时。一路上道路两旁都是一望无际的玉米田，清新恬静的田园景观让我开始怀疑在这种地方是否真的会有埋藏宝物的寺院。然而，正当翻译告知"法门寺到了"时，车就停了。

从附近的门通往寺院的中心道路两侧之间，仿佛是一个不同的世界，沿街的特产店好不热闹，这让我想到长野的善光寺和伏见稻荷神社的门前通。

---

1 大德寺的三门在连歌师宗长的资助下，在享禄二年（1529）完成下层，而后千利休于天正十七年（1589）完成三门全貌，称为"金毛阁"。为报答千利休的恩情，寺方在上层安放穿着雪驮的千利休的木像，但这意味着通过门的人都要穿过千利休的脚下，这使丰臣秀吉大为光火，成为其下令千利休切腹的原因之一。

京都御所内的透雕门扉

那次，我们行程安排了丝绸之路上的敦煌、吐鲁番、乌鲁木齐等西部城市，西安只是顺路经过，没有预留充分的时间，饭店也订在靠近郊外的位置，同行的杂志总编小声说道"真想在西安城内好好逛逛啊"，还抱怨从头到尾根本就是在看城墙外观。

提到京都的时候，除了屏风画，我们还经常说到"洛中洛外"一词。建造平安京的时候，以朱雀大路为中心一分为二，东侧被比作中国古代东都洛阳，据说这就是被称为"洛"的缘由。到了安土桃山时代，丰臣秀吉在市中心外围修建御土居时，这个用法又延伸开来，将御土居内的范围称为洛中。

可以说，当城墙这样的分隔物出现时，就意味着城市的诞生。在探访活动中我们看到各式各样的门，有城墙、社寺、宅邸和沿街店铺的门等。尽管门的规模渐小，但是通过门、踏入内部的一刹那，我意识到人们对门的讲究其实是再自然不过的事。

之前主编在西安说的话，一直在我的耳畔回响。

御所

京都御苑被四条大路包围，东有寺町通、西有乌丸通、南有丸太町通、北有今出川通。现在则作为市民公园，是大众娱乐休闲的好去处，犹如伦敦的海德公园或纽约中央公园一般。行走在京都市内，不论从哪里都能看到这9个大门和绿墙。

京都御所位于御苑的中央，地处筑地塀[1]与御沟水[2]环绕的幽静环境中。其前身为大内里，建造平安京时，穿越南端的罗生门、沿着朱雀大路一直往北的区域，就是大内里，占据洛中北侧的广大区域。

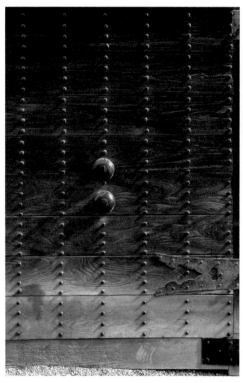

京都御所堺町门的门扉与门柱

1 筑地塀：在石垣基础上筑起以木框为结构的土墙，通常会搭配简便的瓦或板葺屋顶。
2 御沟水：沿筑地塀围绕御所建筑一周的石渠，过去曾是供水道。

造型简单朴素，但木结构及和铁[1]的装饰构件充满了力量感

中世失火烧毁后，京都御所迁移到现在的位置。这里原为临时御所，也就是里内里[2]的土御门东洞院殿，初建时的规模较小，后经织田信长、丰臣秀吉、德川家康这些武将扩建，又几经火灾及重建，现在我们所见的御所是在幕末的安政二年（1855）完成的。

以前御所周围建有公家的宅邸、门迹寺院[3]等，现在已不见旧时风貌，只能从 9 个御门窥见往昔的样貌。

仔细观察其中的堺町御门，不禁觉得幕末至明治维新期间发生的动乱仿佛深深地刻进了门柱及门扉的木材年轮中，它们默默地见证着历史变迁。

1 和铁：使用日本传统制铁方法铸成的熟铁。含碳量低，多用于制作日常用品或刀具。
2 里内里：大内里以外，供天皇居住的宅邸。
3 门迹寺院：门迹是日本佛教用语，又作御门迹，为日本寺院等级的名称之一。

上图：京都御所堺町御门的门扉上的五金

左页图：京都御所内的悬鱼与蟇股

古寺的三门

在东山三十六峰连绵的群山中，坐落着许多神社佛阁。其中的独秀峰在京都五山中独领风骚，拥有临济宗南禅寺的大伽蓝。

其三门突出体现了禅宗的中心地位，为高规格的五间三户两重门[1]。那雄伟的外观非常引人注目，用以支撑的圆柱和浑厚巨大的础石也令人惊叹。

从一旁称为"山廊"的建筑体爬上楼梯，站在二楼，可以将京都的景观尽收眼底，有一种自己成了《洛中洛外图屏风》画师的感觉。歌舞伎中有一幕：大盗石川五右卫门大喊"风

---

1 五间三户两重门：为五开间，柱子与柱子之间被计算为一个开间，中央三处设门扇可供出入，两层屋顶的重檐形式，是殿宇最高规格的形式。

左图、右上图、右下图：知恩院三门。墙与飞檐的造型充满力量感

景绝伦啊"[1]！我此时非常能体会他的心情了。

据说南禅寺是江户时代重建的，但从宏伟的大门、圆柱及二楼高栏的细节都能感受到一种历经沧桑的美。

而东山三十六峰南边的华顶山山麓，则坐落着净土宗总本山知恩院。这里也能欣赏到耸立于石阶上的雄伟三门，该门建于德川家第二代将军秀忠在位时的元和五年（1619），是日本最大的唐风样式的门楼。

此三门承袭了禅宗的五间三户两重门形式，木结构及天井具有很强的装饰性，特别是屋檐下的斗拱组件为三段式的三手先[2]，具有很强的力量感。

1 出自歌舞伎《楼门五三桐》中的《南禅寺山门之场（山门）》。
2 日本建筑撑住深檐及缘廊等地方会使用斗拱组件，斗拱的承载数目称为"手先"，中国宋代称为"跳"，也就是"三跳斗拱"。

南禅寺三门。回廊高栏上的拟宝珠

南禅寺三门

上左图：山廊的装饰短柱"大瓶束" 上右图：山廊二楼的门扉

下图：稳重而具有动感的门柱和础石

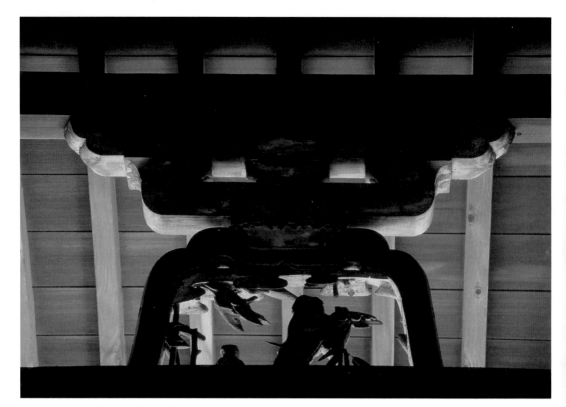

上图、右页图：伏见御香宫神社的蟆股

安土桃山时代遗留的文物

综览京都的神社佛阁等建筑物的历史，会发现丰臣秀吉、德川家康等武将对重建有相当大的贡献。这对掌权者来说或许是理所当然的，但是他们重建的范围超越了禅宗、净土宗的宗派，除了神社，还包括政敌天皇的居所，这一点很值得关注。

丰臣秀吉于文禄三年（1594）在京都伏见地区筑城。建造时在瓦上贴了金箔之类奢华的装饰物，营造出一座豪华绚丽的大城，但是建成后不久丰臣秀吉便去世了。关原之战以后，伏见城成为德川家康的领地并进行重建，但由于此地旧属丰臣秀吉，终究还是在元和六年（1620）被废弃了，其建筑遗留下的构件则为京都的社寺所用。

御香宫神社
左页图：表门的木结构造型
右上图：表门的梁木
右下图：表门旁边的蟇股

御香宫神社位于通往伏见城大手门的地方，正面的表门即是以大手门的遗构建造而成。其厚重的斗拱组件能依稀窥见昔日的样貌，蟇股等装饰构件也展现了桃山文化的雄伟。

醍醐寺三宝院是建造于12世纪的真言宗寺院。庆长三年（1598），丰臣秀吉于此设宴赏樱，并以此为契机，开始进行寺院的复兴，建造庭园、表书院，以及象征丰臣家的桐纹唐门，建筑物群越来越宏伟。据说当时整个门都涂上了黑漆，并在木雕上贴了金箔，华丽的装饰完全是迎和丰臣秀吉的喜好。然而现在铅华褪去，裸露出木纹的肌理。之后的重建可能是在庆长四年（1599）进行的。

醍醐寺三宝院的表门

上图：桐纹样式的梁木

左页图、下图：据说过去贴有金箔的门扉

庄屋

在洛南伏见区内，从奈良途经宇治、通往京都的宇治路，从宇治川畔的六地藏经过大龟谷的深草聚落，并通向洛中。而八科峠位于六地藏上坡的最顶端，也就是丰臣秀吉筑城的伏见城东北端。

1 冲立：置于玄关或室内，用以遮蔽视线用的装饰隔板，即中国的立屏风。

上图、下图：置于松井家门前，镶有家纹的冲立[1]

位于八科峠顶点的松井家，向南远望是生驹山系、东南有宇治川和木幡山。松井家执掌这一带村落的行政事务（庄屋），是山谷一带的大地主。

木板墙及长屋门[1]建在古朴的堆石石组上，展现着旧时的风貌，吸引着行人的目光。长屋门巨大到仿佛可以将仓库包围一般，一片榉木门扉内嵌其中。打开那扇门，会看见一座上部镶有松井家家纹的原木冲立，提升了整体格调。

沿着阶梯往上走，"本松井市右卫门"这个带有传统住宅风格的门牌映入眼帘，走在通往玄关的石径上，头上有棵松树遮荫，正呼应了屋主的姓氏。传闻这是大正十一年（1922）久迩宫殿下巡视伏见城时，因住宿于此而特别种植的。右手边可以看到闪耀着黑色光泽的主建筑（母屋），其推拉式的木板门上半部贴有和纸，显得非常厚重。

人说"京有七口"，处在这个通往洛中的古街道上，松井家多年来不仅守护其格调，也维护着街道往昔的氛围，是一座珍贵的古宅。

具有格调的松井家长屋门

从内部回望大门的景象

---

1 长屋门：多见于武家宅院门的形式，门的两侧是家臣或仆役居住的长屋。富裕农家的大门也会使用这样的形式。

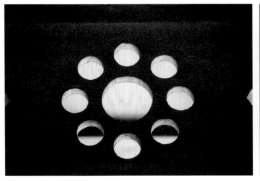

大德寺高桐院

左上图：书院表门上部的九曜纹

右上图：书院庭西门的桐纹透雕

下图：从庭园小径看去的书院表门

禅寺的塔头 [1]

高桐院是临济宗大德寺派总本山的塔头之一，于庆长年间由细川三斋（忠兴）为其父幽斋所建，为细川家的菩提寺 [2]。父子均精于文学、茶道，三斋更是以千利休之高徒而为人所知。基于这样的身份背景，建筑物的整体风格柔和优美，穿过远离大马路的门以后，石径上空红叶遮蔽两侧，显得幽暗宁静。正面可以看到一道通往本堂的门，但与大门豪迈的桃山风格截然不同，这扇门有着简单而素净的外观，营造出茶人喜好的氛围。

1 塔头：佛教中有许多宗派，每个宗派的大本营称为"总本山"，其亲传弟子建的寺院即为"塔头"。

2 菩提寺：祭拜历代祖先坟墓或供奉牌位的寺庙。

围墙、围篱

围墙、围篱的内外

围墙、围篱的内外

日文中有个听起来很响亮的词叫作"歌垣"，意思是年轻的男女聚集在约定好的地方，吟唱和歌。在山里的话，就选在大树与大树之间；野地或山丘的话则选在某个凹地；如果是河流或湖泊，就选在岸边。总之都是天然的交流广场。

而歌垣中的"垣"，并非指用绳子圈起或立竹分隔的墙，而是指聚在一起的男女咏唱和歌，声音与心灵相呼应的抽象空间。这个词据说在《万叶集》中已有记载，不过起源应该可以追溯到人类在山野四处闯荡、进行狩猎与采集，依赖自然而生的时代吧。

接着，一部分人开始掌握权力，建立国家形态。聚落形成，住宅聚集，这时便需要用围墙来划定界线，区分城市的中心与外围，政治中心地也建造出类似城郭的巨墙，周围引水筑护城河，城市的规模越来越大。

现在若想看日本古代围墙、围篱的原貌，可参考飞鸟时代（592—710）的建筑，奈良县斑鸠町的法隆寺就保留了当时土墙的样貌。而现在大阪府和泉市久保惣纪念美术馆收藏的镰仓时代所创作的《伊势物语绘卷》中，描绘了编组成网状的网代竹垣。这可以证明当时公家的宅邸已经开始使用外形优美的竹篱笆了。

在京都，若想了解营建平安京时的条里制城市规划，如今只能靠道路及其名称一窥旧貌。不过，丰臣秀吉在天正十五年（1587）用来将京都划分为洛中洛外的御土居，至今仍有遗址留存。东面沿着鸭川西岸，北面从鹰峰、纸屋川东岸往南，直到东寺附近，筑有将近2米高的土垒，环绕着整个洛中。昔日的条里制已经无法适应都城的发展，再加上应仁之乱（1467—1477）使整个都城化为焦土，掌权者只好进行新的城市规划。

此后又过了四百年，如今不管是居住在京都，或是短暂驻足京都的人，似乎都不在乎往

区分洛中、洛外的御土居。今日还残存一些遗迹

日的区划了。不过当时建造的土垒有 7 个到十几个出入口，据说具有类似关口的功能，不知那时大家进出这里的时候都抱有怎样的心情。或许对旅人而言，有一种"终于抵达京都"的兴奋之感。但是对于居住在御土居附近的人们而言，或许会感叹道"真是做了一个无谓的区划"吧。

在任何国家、任何时代，不管是街道、宅院，还是长屋这样的小型住宅，身在围墙或围篱的内侧与外侧，两者的感觉是很不一样的吧。通过门或关口进到里面，会有一种被接纳的感觉，而居于围墙或围篱之外时，就会有种遭排除在外、被冷落的感觉。

其实，围墙的设计绝大部分都是为了吸引外人的目光。不管是巨石城墙、社寺土墙，还是宅院内雅致的竹和木组成的围篱，都可以说是在向外人彰显着自家住宅的威严以及品位。

可是，近年来，每当我看到水泥砖或混凝土墙的时候，就会感到心痛，据说安土桃山时代到访京都的欧洲人如此描述京都："这座城市非常重视建筑景观，市街规划得整整齐齐。"那些以土、石、树木、竹子等自然素材制作的美丽围篱，并把设计者理念编入其中的审美意识，究竟都到哪里去了呢？

最理想的状态，应该是如同古代人一般，大家群聚于广大的天然交流空间，自然地达到歌垣的境界。然而现代人早已遗忘，在社寺的土墙或是在朴实无华的板墙上那份历经风霜淬炼出的美。

右页图：鹿苑寺的竹垣，又称为金阁寺垣

上图：茶道薮内流宗家的茶室，燕庵内露地的松明垣[1]

右页图：大德寺孤篷庵的矢来垣[2]

竹

谈到现代京都的营造，不可不提从琵琶湖引水，开通疏水道一事。明治初年，东山山麓的南禅寺引入人工河。南禅寺曾经占地广大，但其门前的下河原町在疏水道开通后，商界巨头纷纷在此建立别庄。岩崎小弥太、野村德七、细川护立等出名的风雅人士都曾在此地建造宅邸。

从疏水道引丰沛的水流入庭园，在周围围起生垣[3]及竹垣。明治时期，许多庭园都是由造庭师七代目小川治兵卫主持设计，他充分参考、运用京都的寺院、离宫和茶道家元庭园中的传统样式，活用东山缓和的山峦地形、丰富的水流创造出全新的庭园风格。不论如何改朝换代，这一带始终聚集了许多大宅院，而且井然有序地排列着。

1 松明垣：以竹穗或荻穗等绑成一束一束的，形成"松明垣"。

2 矢来垣：将竹枝斜向交叉编绑，尖端为斜口的围篱。

3 生垣：以植栽围起的绿墙。

上图、左页图：清流亭（旧塚本与三次宅邸）的木贼垣[1]

下图：桂离宫，桂之穗垣[2]

1 木贼垣：将竹材剖半，并排绑成木贼生长模样的竹篱。

2 穗垣：以竹穗交错搭建的竹篱。

左图、下图：怡园（旧细川家别邸）的竹板垣

右页图：桂离宫周围将小竹弯曲做成的生垣，又称为"桂垣"

石、树木

说到石墙，通常都会联想到近世的大阪城或姬路城那种以巨大石块堆叠而成的墙壁。石墙的设立蕴含着矛盾的心情：一是权力在握的武将向世人展示自己的实力，二是担心政敌来犯而小心防备。

走进东本愿寺枳壳邸的大门，最先映入眼帘的是一座石墙，这座石墙来自其北侧的寺院建筑，该寺被大火烧毁以后，础石以及石臼等遗留物就被拿来筑墙了。

左图、右图：枳壳邸的石墙

南禅寺金地院的南侧，延续蹴上铁道的小路和别邸的边界上，生垣前方看似随意地堆放着石块。那一堵乱石堆砌的石墙，不仅不会给人带来巨石的威压感，而且展现出高超的造型能力。

而巨大的城郭有所不同，是让经过的人感受到暖意的空间。

上图：下河原町的野村别邸周边的石墙

下图、右页图：南禅寺别邸周边的石头与树木组成的围篱

上图、左下图、右下图：下河原町周边宅邸的围墙与疏水

慈照寺（银阁寺）参道上被称为"银阁寺垣"的生垣

上图、右页图：大德寺龙光院，将瓦嵌入土墙当中

土、瓦

日本最早用于制造围墙、围篱的自然材料，应该是土、石或树木。在宗教上有所谓的"圣""俗"分界，若将"结界"视为起源，我猜想雏形应该是放置的一两颗石头吧。

土墙常见于奈良的大寺，推测其很早就存在了。最初和东福寺一样看起来半塌的土塀是非常简朴的土堆。

有些土堆是白色、弁柄色或青磁色的，还有些上面画着白色横线。要说有什么特殊含义的话，应该还是向外人展示威严吧。

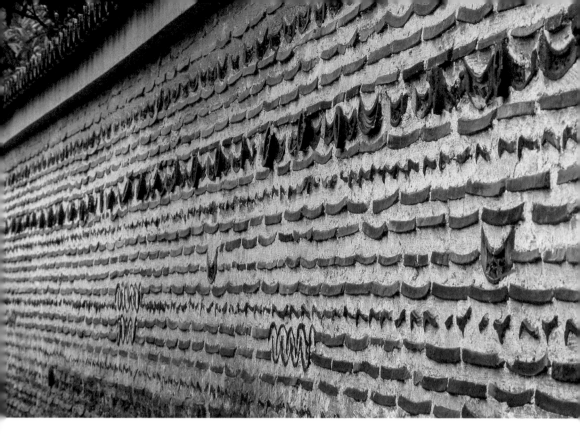

大德寺龙光院的土墙中嵌有瓦片，据说是这里的住持和瓦壁师傅共同创作出来的。将废弃的老旧瓦片重新利用，生成新的设计，真是睿智啊。

同样是土墙，但上贺茂社家既有担当神职的成员又有平民百姓，因此土墙的造型柔和、充满亲切感。

上图、下图：上贺茂社家的墙

青莲院的筋塀[1]

大德寺塔头长满苔藓的土墙

1 筋塀：墙面上嵌入称为"定规筋"的白色水平线的筑地墙。用于御所及门迹寺等建筑，筋数愈多代表地位愈高，五条为最高级。

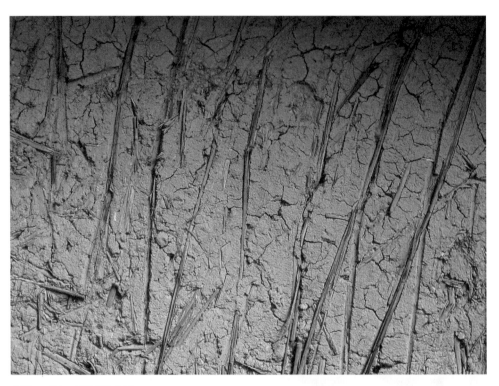

上图、下图：东福寺的土墙

屋顶

瓦片交迭出的宏伟力量

瓦片交迭出的宏伟力量

我居住在京都南边的伏见区桃山，过去称为伏见山的丘陵地带，往西望去，可以看到流入大阪湾的淀川，听说天气好的时候，还可以遥望到大阪城。丰臣秀吉看上这个连通京都、大阪、奈良的交通要地，便在此筑伏见城，发展出城下町。

大约是在二十年前，这一带进行大规模的下水道建设工程。建设过程中从伏见城的遗址挖掘出一些贴有金箔的瓦片。京都市规定在建造新的建筑物时，有进行考古发掘的义务，得益于此法，已经发现了不少贴着金箔的瓦片。

丰臣秀吉的另一个重要建筑遗产就是聚乐第，当年建于京都市街当中，其遗址中也挖掘出了金色的瓦片。这座建筑物是丰臣秀吉为让天下承认其威权，而费尽心力打造的。只不过这座宣扬丰臣家位高权重的建筑物惨遭德川幕府无情的毁坏，因此其恢宏的样貌只能通过屏风画或文献资料想象了。

16 世纪的日本正值战国时代，武将豪杰悉数登场，许多西班牙人、葡萄牙人在航海技术的助力下来到东洋。其中，耶稣会士陆若汉对日本作出过重大贡献，因而广为人知。尤其丰臣秀吉非常信任和重视他，陆若汉曾留下了一篇丰臣秀吉在聚乐第款待他的文章，事无巨细地记录下当时的情景。文章强调丰臣秀吉在掌握武士政权后，礼遇境况悲惨的天皇家族与公家，还下令整建王宫，即天皇居住的御所。文中接着记述了聚乐第的样貌：

> 王宫位于上京的东侧，在稍微往西方之地，利用非常巨大的石头筑起具有防御功能的城，并以宽广的城墙包围着。城内建造了一座极为华美的御殿，当时日本国内找不到第二座如此气派的建筑。有人说，未来应该也不会再有了。这座御殿名为"聚乐"，也就是聚集欢乐的意思……从聚乐第前往王宫，有一条非常广阔笔直的道路，两侧建有诸国领主的御殿，都设有用来防御的城墙，其基础与上部结构使用了由铜和金加工而成的薄板，铺葺着金色的屋顶，显得十分华丽。

右页图：东寺五重塔

196

大觉寺唐门

具有轩唐破风¹的切妻造²

《洛中洛外图屏风》等作品描绘了丰臣秀吉掌权的安土桃山时代京都市街的样貌，从画中可以看到规模广大的寺院、神社等建筑物用灰黑色的瓦葺或桧皮葺屋顶，而市区中商人、工匠的住宅，以及郊外的农舍等则在屋顶上铺着木板，并辅以格子状竹排固定，有些人家为了防止木板被风吹走而在上面压了石头。

1 唐破风：指的是破风中具有弯曲的屋顶，是日本屋顶的特色。其中，位于屋檐的唐破风即被称为"轩唐破风"。

2 切妻造：双坡顶屋顶，屋顶的基本形式。也就是中国古代建筑中的"悬山式"。

我们这一代人记忆中整片黑瓦井然排列的京都街景，应该是在天明大火或幕末的蛤御门之变后才形成的。相比之下，丰臣秀吉在伏见城与聚乐第所使用的金瓦屋顶，可以说是极其奢华了。

若想一睹聚乐第的样貌，唯一的途径就是观看收藏于东京三井文库的《聚乐第图屏风》了。在画上的确可以看到屋檐前端圆瓦瓦当部分，使用了金色的瓦，而且中脊上还装饰着金鯱，其样貌在当时人们的眼中一定非常宏伟，但也难免有些格格不入吧。

其实日本的制瓦技术是随着佛教传入而发展的。为将佛教作为国教推广开始兴筑寺院。6世纪下半叶，为了在都城明日香兴建飞鸟寺，从朝鲜半岛的百济请来工匠传授制瓦技术。之后，历经飞鸟、天平时代，日本作为律令国家开始发展，每当大规模建都时，都需要使用更多的瓦片。可想而知，其制作工艺也逐渐适应量产了。

说到都城内的大型建筑，应该还是佛教寺院、神社，还有以天皇为中心的公家理政办公的大内里建筑群吧。当时的瓦几乎都为素烧，虽然附着煤炭的部分会变成黑色，但也有保留着素烧原本的茶褐色，不像现在统一使用黑瓦。而奈良的都城，当时会使用传自中国的上三彩釉药烧制陶器，据说也将相同技法应用在瓦片上。可想而知，在奈良时代都城建筑的屋顶闪耀着与现在截然不同的色彩。

屋顶最初的功能是保护房屋不受雨淋，后来，瓦片交叠呈现出的造型渐渐演变为一种权威的象征。

前几天，有从事建筑相关工作的好友来找我，请我看一下旧瓦的残片。他说是在改建朋友的家时，在挖土过程中发现的。这些瓦中有素烧的茶色瓦、有附着煤灰的黑瓦，还有常见于平安时代，上了绿色釉彩的华丽样式。我看着好友展示的这些瓦片的同时深有感触：京都真不愧是千年古都，地底下埋藏着从平安时代到镰仓时代形形色色的文物。

上图：北山的民家。厨房屋顶有可排烟的"烟出"构造

右页图：清水寺钟楼的鬼瓦[1]

然而今日当我们思考京都街景的颜色时，会很自然地想到黑瓦、弁柄格子窗、聚乐色的土壁[2]，这些历史遗迹中的色彩。但事实上，在几个世纪之前，寺院及神社的柱子旧全漆成了朱红色，绿色及茶褐色的瓦片排列在屋顶上，甚至还有金瓦在屋檐前端闪闪发光。不难想象，从前的京城还真是一幅色彩缤纷的图卷。

1 鬼瓦：安置在屋脊的头端，除了可防止雨水渗入以外，也特别强调装饰性。

2 土壁：指"聚乐壁"，使用产于聚乐第的黄褐色土建造而成的土墙，又称"京壁"。

瓦

即便同样是黑瓦，使用的地方不同，呈现在眼前的颜色也会不同。

西本愿寺的本瓦葺屋顶雄浑伟岸，大屋顶如弓般从高处向下延伸，至屋檐前端后再呈锐角上升，呈现尖锐的外观。

像这种大讲堂的大屋顶，或是三重塔、五重塔之类重叠的屋顶造型，从远方看着，雄伟宏大；而走到塔的正下方往上看，则让人意识到高大的佛尊坐镇其中，神圣感油然而生。

西本愿寺

左图、上图：御堂的瓦葺屋顶勾勒出一道如弓般的强劲曲线

另一方面，在寺院当中也有小书院、塔头这样贴近现实生活的空间场所，在这些地方则可以感受到温和的建筑意匠。

虽然在大街上已经无法看到井然有序的屋瓦，但京都还保存着古朴的町家。每当我造访这些百年未变的历史遗存，就会产生一种安心的感觉，这究竟是什么原因呢？

或许是因为我们开始慢慢遗忘日本人自古就运用树木、土、纸来构建生活空间了吧。

左页图：东福寺三门。五间三户两重门、入母屋造、本瓦葺屋顶

上图：东寺五重塔。据说这是现存木造古塔中高度最高的一座

下图：东寺金堂。鬼瓦与悬鱼。从南大门看过去，金堂的正面配有一扇可一窥药师如来坐像样貌的窗户

钟馗

传说在唐玄宗患病时，钟馗出现在其梦中将鬼赶走，唐玄宗醒后病愈，奉钟馗为神明。因为有驱除疫鬼的象征，在五月人偶中也有钟馗的形象。

此外，人们也会在门或房屋上安放瓦制的钟馗像，以祈求家人平安健康。瓦钟馗也因此成为京都町家的屋顶象征物。

上图、下图：御幸町通

古门前通

卯建

所谓"卯建"，是将与邻家之间的袖壁加高，在上面加上小屋顶的构造。

卯建具有防止火势蔓延的作用，同时也是富贵人家使用的象征性装饰。

左上图、右上图、右下图：沿着鞍马川街道观察到的卯建

慈照寺观音殿（通称银阁）

上图：方形造桧皮葺屋顶呈现优美的弧度

左图：安放于屋顶顶端的铜制凤凰

宇治上神社拜殿

茅、桧

用茅草或树皮层层堆叠包覆屋顶，达到遮风避雨的效果，这是在瓦传到日本之前，日本建筑中屋顶的构造方式。

而在瓦传入日本一千多年后的今天，仍有茅葺屋顶的民居，在神社中也常见桧皮葺屋顶的建筑。

这些由草木材料构成的屋顶，由一根根的草枝或一张张的树皮重叠构成，呈现出饱满柔和的曲线。

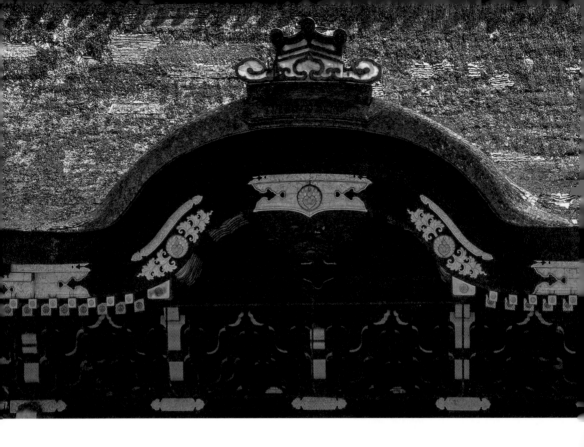

上图：西本愿寺唐门是安土桃山时代的代表性建筑

右图：曼殊院门迹，小书院的柿葺屋顶

清水寺本堂，寄栋造的舞台附有
切妻造的翼廊

高山寺石水院，镰仓时代初期的
贵族住居

洛北花背的民家。刚修复完成的茅葺屋顶看上去厚实饱满

山里之家

京都北山的山里，即花背、鞍马、美山、大原等地方，被称为都城的后花园，京都人多在此建造度假庄园或隐居之地。因此，有些地方甚至仍延续使用优美的公家用语的传统，在美丽的山野之间，飘荡着都城的文化气息。这里茅葺屋顶的住宅也营造出一片圆融柔和的景象。

近年来，美山町被认定为茅葺民居的保护单位，致力于茅草的种植及茅葺技术人员的培养。

上图：岩仓的长谷神社鸟居旁的民居

下图：位于大觉寺附近，井上家的茅葺屋顶

吉田神社斋场所大元宫朱漆八角殿的茅葺屋顶

看板、暖帘

商业广告的雏形

商业广告的雏形

究竟是先有了人群聚集后出现集市，还是集市的开设吸引了人群的聚集？在游览世界各地的城市或偏远乡村时，我一定要去的就是当地的市场。一大清早，刚从田里采收的各色蔬菜水果陈列于眼前，刚从港口打捞上来的鱼贝鲜活诱人，而肉类已经过分解，带着鲜血高挂于摊位。这样琳琅满目的食品市场，我觉得是快速了解一个国家或地区特色的最佳地点。跳蚤市场也非常有趣，看着陈列在现场五花八门的商品，有助于理解该城镇的历史渊源及文化底蕴。

在日文中，使用"林立"（立つ）这个动词表达"市场"，来表现其热闹的样子。而"市"的本义，据说是竖立木头作为标记。为了通知开市，人们会立起大树作为标志。

还有高高升起用布帛做的幡、帜一类的布旗，也是吸引人目光的方法，据说这源于战争用的军旗，或是农民起义中使用的识别旗。而佛教传入日本以后，寺院举行庆贺活动的时候也会在屋檐或塔尖上悬挂幡。丝绸之路的探险者马尔克·奥莱尔·斯坦因（Marc Aurel Stein）在吐鲁番周边发现的唐代绘画中也可见到幡的踪影，当地出土的文物中也有使用过的幡的残片。

总而言之，高挂的树木及布帛，在纸张还很贵重，而且印刷技术尚未发达的年代，是吸引人们聚集的标志，也可说是宣传广告的前身吧。

在都城迁至京都并日渐繁荣的时候，七条通的东西两侧设置了官营的市场，从日本各地运送而来的食品、服饰皆陈列于此，上至贵族、下至平民，市场成为跨越阶级的交易场所而终日人声鼎沸。

右页图：龟末广（京果子）的店面

内藤"鞋履"的店面

而随着城市发展、人口增加，市民阶层的工商业开始繁荣，商人离开市场，开始在三条、四条一带开设店铺。而把店铺开在一间固定的房屋经营，需要的不只是公告经营时间的标志，还必须将经营的商品及商店号展示出来。"看板"及"暖帘"正是用来凸显店铺存在、吸引顾客上门的工具，也就是现代商业广告的雏形。

在追根溯源之时，看板最初似乎是作为标志而竖立的木头以及高挂起的幡旗。至于暖帘，我认为是基于防风、遮阳、宗教用途、分隔空间以及遮蔽视线等目的而出现的。而现代的暖帘形式起源于何时呢？创作于镰仓时代的《伊势物语绘卷》中有一个场景，主角前往陆奥之国拜访当地女性，清晨归来。画面当中描绘了室内与室外之间有分隔的帘幕，这应该是暖帘最古老的形式了。

大市"甲鱼料理"的店面

至于暖帘开始悬挂于店面外，发挥和看板相同的告知宣传功用，应是从织田信长、丰臣秀吉等战国大名设置"乐市""乐座"，也就是在其统治的都城许可自由贸易的时候开始的。在《洛中洛外图屏风》等作品当中，常常可以看到这样的场景，尤其是在成于安土桃山时代的上杉本中，可以见到印有家纹或商品图像的暖帘、旁边摆放着陈列用的床几、屋里做东西的手工艺人。然而，却看不到看板的存在。

而与《洛中洛外图屏风》上杉本约同一时期，在这时访日的耶稣会士陆若汉，对京都街上的商家做了如下描述。其中，也有关于暖帘的叙述，却没有提及看板。

面向道路的房屋，一般用来买卖、陈列商品，同时是各行各业工作的地方。在屋子深处则有他们的起居空间和招待客人的房间……为了防尘、保护商品以及采光，会在门檐（厢）前挂上垂幕（暖帘）。每一家都会在前廊下的出入口侧挂上垂幕，上面画着猛兽、树、花、鸟，或是数字等类似的形式等，以及各式各样的图样，甚至将家族或家号（屋号）、纹章印染在上面。

像这样在店头的暖帘印上纹样的例子，在中国古书中并不常见，似乎是日本独有的现象。我查阅了其他的绘画史料，直到江户初期以前，都只能看到暖帘，看板是直到 17 世纪末期才出现的。

由住吉具庆所绘，目前收藏于奈良兴福院的《都鄙图》，描绘着笔店的屋檐上挂着以笔为造型的看板，而其他的店家也把自己的商品做成看板，吸引人的眼球。暖帘一定是并列悬挂于建筑正面，看板也一律与建筑呈直角突出，让路过的人从远处就能知道这是什么店。进入江户时代以后，商品经济发达、市民变得富裕，从外地来京都的人也不断增多，商业街越发热闹、竞争越发激烈。

在应仁之乱以后，将京都市街复兴的人是丰臣秀吉，而陆若汉也对丰臣秀吉的都市规划赞不绝口：“由于（丰臣秀吉）向全体市民下令建造两层楼的房屋，正面须以杉（或桧）等贵重木材建造。民众奉令实行，这样一来不仅道路宽敞，市容也变得整齐而美丽。”

然而，以古人的眼光看来，现在的京都不论在建筑物的高度、形状、色彩上，都变得支离破碎。尽管有意将看板或暖帘设计得古朴大气，也会在周围参照物的对比下显得渺小，“历史之都”“美丽古都”这样的称号，都快成了挂羊头卖狗肉[1]的招牌了！

右页图：富美代的入口

1 日文原文使用了谚语“看板倒れ”进行双关，表示内容与外面挂的招牌不符，虚有其名。

游廓

京都的游廓最早出现在北野上七轩及二条柳这两个地方。据闻上七轩在建造时使用了北野神社用剩的木材，从最初门前的茶屋慢慢发展而来。二条柳町在安土桃山时代作为市区的游廓而逐渐繁荣起来，但由于距离御所太近，后搬到六条三筋町，又搬到岛原。

上图、下右图：岛原轮远屋的门灯与入口
下左图：祇园一力的入口

上七轩中里的入口

六条三筋町当时的景象可以通过《洛中洛外图屏风》的舟木本略知一二。在画中，游廓为了与外界分隔而设置了东西木门，从里侧店家的门口可以看到竹格子中站着几位女性，藏青色无花纹的暖帘取代了门扉，在画中其他地方出现的商家店面门口明明画着家纹或贩售的商品，暖帘为什么却是素色的呢？我不由得感到好奇。

现在京都的游廓位于祇园甲部、上七轩、岛原、先斗町等地，街景尚保留着古时的样貌，可感受到几分古色古香。但已经没有用来窥探的"视窗"了，弁柄格子构成的门面简单质朴，其上悬挂着格调鲜明的暖帘，若掀开暖帘走进去，里面会是怎样的世界呢？着实引人遐想。

左图：横田画廊的暖帘　　右图、右页图：秦药铺"汉方药"的看板

商店

日文"暖簾を守る"（守住暖帘），意指守住代代相传的家业，然而守住家业却困难重重。

许多人会认为古都的商铺应该都是家族代代相传的，但事实上，大都市竞争十分激烈，商家的淘汰就如同执政者代代更替般频繁。就我所知，京吴服虽以传统著称，但从元禄年间持续经营三百年的老店仅有 1 间。至于西阵织，从江户末期以来传承四代的店铺也只有 1 间。

来自伊势、近江、丹后、丹波的人才都到京都来学艺，"分暖帘"出师后，听说第一、第二代最为兴盛。分暖帘，指的就是兄弟分家，或长年服务于店内的管事者独立开店时，当主给予其相同家纹或屋号之印。但通常不久之后，分出的商家就会在生意上超过本家，或许这就是人世常情吧。

左图：黑田装束店[1] 的看板

下图：分铜屋袜子店的看板

1 装束店：在京都售卖神官服装，神殿用品及祭祀用具的商家。

上图：尾张屋熏香店面的看板

下图：带屋舍松的店面

上图：今昔西村古裂织的暖帘

右页图：谷川清次郎烟管店的暖帘与看板

料理店

如今，京都仍值得夸耀的事情应该就是美食了吧。京都不论在保护古都的文化遗产上，还是发展经济上，都没有太大的建树，个人觉得就只有京料理与京果子保留了优良的传统。从食材的品质、种类到烹饪方式上，各方面都承袭了都城历史悠久的特质。而且不只是风味，就连在菜肴的外观上都下足了功夫、极尽巧思，我常常被店内的装修、器皿与食物的搭配和彰显出季节感的摆盘方式惊艳。

左图：河道屋和果子的店面

上图：万龟楼京料理的暖帘

在餐厅或京果子铺，常常可发现其店面的暖帘与看板充分地展现了意匠精神，这应该要归功于代代相传的玩心和审美意识。

比如京果子铺龟末广的看板外框（第219页），就活用了和果子模具的造型进行设计，这应该是展现京都审美意识很好的例子了。

上图：八百三柚子味噌店的看板　　左页图：鸟弥三鸡肉料理店的暖帘

点邑天妇罗店的暖帘

小径、辻子、路地

暖意融融的空间

暖意融融的空间

平安京这座都城建于距今一千二百余年前，坐落在三面环山的盆地内。仿照中国唐朝都城长安的条坊制，南北纵横的大路与东西向的小路以直角相交，形成棋盘状的布局。东西向大路从最北的"一条"，往南一路到"九条"，位于中央的"三条""四条"是人群聚集的市街中心。

将都城一分为东西两区的中央大路，是通往天皇居所大内里的朱雀大路，其东侧发展得相当不错，但西侧却不如预期，没有按当初的计划发展成市街。原因在于西侧地势低洼，是一片有许多小沼泽的湿地，人家稀少。

相比之下，东区越过了人工改道的鸭川、再往东山山麓，比较适合发展为街市。如曾经作为藤原良房别庄使用的白河殿，白河天皇就曾经在此陆续建造六座御寺，即六胜寺，使周边迅速形成一个街区。其地理位置大约是从二条通跨越鸭川的东山山脚下，也就是现在冈崎到南禅寺附近的地区。

后来进入武士的时代，全盛时期的平家势力在五条与七条之间，也就是现在的松原通沿着东山的地方，盖有一百多间武士宅院，使这一带热闹了许多。而此地在之后成了宿敌赖源朝开创镰仓幕府时，设置"六波罗探题"[1]进行监视的地方。

这一系列侧重东山一侧的市街建设，其最高成就也许就是位于四条通尽头的祇园八坂神社。9世纪末，日本第一个由民众自发举行的大型城市祭典"祇园祭"，正是以八坂神社为中心举办的，而举办祭典的核心人物，是今日乌丸大路以西室町、新町的富裕商人。因此，

右页图：新门前通湿了水的石板路地

---

1 承久三年（1221）的承久之乱后，幕府将军废除京都守护一职，于京都六波罗（六原）六波罗蜜寺的南北各设一个管理京都政务的机关"六波罗"，兼署监察朝廷公家。镰仓时代末期开始加上佛教式"探题"的雅号，变成"六波罗探题"。六波罗探题相当于镰仓幕府在西日本的代表，位高权重，因此历来皆由掌握幕府实权的北条家指派。

从那一带往东贯穿四条通，一路通往东山山麓的祇园社自然成为都市的繁华中心。

祇园社的门前开了茶屋，后来发展为祇园的游廊，商铺排列鳞次栉比。而四条鸭川的河畔有剧场，西侧有游廊先斗町，非常热闹。四条河原町一带各种商店林立，至于西侧则有类似商社的集团，大致是这样的布局。

像室町、新町这样的商人聚集之地开始繁荣以后，就会出现被称为"大店"的豪商。大店的交易金额庞大，店内也拥有更多员工，而承接其外发工作的下游商业也随之聚集在周边。在棋盘状布局的一隅，以大店为中心，周围有小的店铺、工坊和住在这里的人家，它们共同构成一个商业聚集地。

在大路所包围的四角空间里，朝向大路的地方设置大店以后，要通往空间内部、有效利用土地，就必须开辟从大路进入内部的小路，即"路地"或"辻子"。

而在路地或辻子的尽头，盖有手艺人们的住宅，以现在的角度来看，相当于员工住宅。

由于这样的街区大多都是为祇园祭存放山鉾花车的区域，因此每个町内都有居民打造的公共集会场所，即"町家"。町家的旁边有路地，走进去会看到两三个大型仓库，里面安放着巨大的山鉾及其装饰品。也就是说，这片区域的居民拥有的共同财产，被集中保管在公共区域中。

祇园、先斗町这些繁华的色街在江户时代大量出现，而这些地方将"表""里"的生活空间分得一清二楚。来到这里享乐的客人会进入茶屋，这地方被称为"扬屋"，即将客人招揽进来饮酒作乐之处。另外还有一个叫作"置屋"的地方，用来安置并调遣舞伎和艺伎，派她们到扬屋接待客人，而工作的间歇就在置屋等待。由于一收到置屋的召唤，就必须马上梳妆出门，因此舞伎及艺伎们也得住在游廊所在的区内。

于是，在面朝道路的热闹之处设茶屋，而路地及辻子的小路深处就供女性居住，这样的布局就此成形。

左页图：鞍马山的树根形成楼梯般的小径

先斗町的中心就是鸭川沿岸的几条细长小路，西边有一条木屋町通，是高瀬川沿岸的热闹大街，因此先斗町这边往西只有几条平行的路地及辻子。在那一带的入口处必定会放着"可通向另一侧"或是"无法通向另一侧"的标示，告知想要穿行到另一侧的人。

像这样路地的尽头，会有一个只属于该区居民的公共空间，不欢迎陌生人进入。在那里有着共用的水井或洗衣场地，成为主妇们聊天交流的地方。

所谓的"道路"，一开始是野兽行经的兽径，接着是人类通行的道路，再后来可供马车通行，最后形成现在川流不息的马路。人们在城市里，会被充满人情味的街道所感动；在通往社寺的路上，深信有神圣的气息萦绕于此；穿越竹林等蓊郁的林间道路时，相信深处会有更美的自然风景。

> 都城有着宽阔的道路，无比洁净。道路中央有小河流经，泉质干净、遍布全市区，因为地面有倾斜，所以没有泥土淤积，即使下雨也很快就干了。

以上文字出自陆若汉的文章。不知现在的京都有没有可能重现安土桃山时代美好的街景呢。

右页图：大德寺的参道，树荫下的石径

上左图：位于洛西，以红叶美景而闻名的光明寺参道

上右图：大德寺本派专用道场，从龙翔寺大门看过去的景色

右页图：大德寺高桐院的石径

小径

安土桃山时代访日的葡萄牙传教士如此记述："京都人常到野外设宴，在庭园赏花，也常到寺院参拜。"

都城周围有着美丽的山野，人们去那里欣赏霜叶红于二月花，或是在芳菲的樱花树下举行宴会。行进的人们看着近处的山雾气缭绕，恍若神仙幻境、佛祖降临，不由得迈步前进。俗话说：京有乡野。从市区出发，可在短时间之内亲近自然山野，这或许是在小盆地建都的好处吧。

市街的寺院里，长长的石径引领我们朝圣佛祖，这里树林葱郁、庭园雅致幽静，山里景象似乎在市区也能重现。"大隐于市""山居之体"不只是茶人所独有，町人也能在社寺中感受这样的情怀。

在光明寺北侧延伸的竹林小径

从琵琶湖引水的南禅寺疏水道

下鸭神社参道旁的小水道与小桥

鞍马寺深山中的树根之路

上图、下图：祇园的石径、犬矢来、格子及暖帘。从透出的灯光中感受到暖意

辻子

"辻子"可以解释为道路的十字交叉口，但因为也写做"图子"，所以或许也可以视为依规划建造的道路吧。

总的来说，辻子是为了有效利用棋盘区划的中央部分而规划出的道路，通过开辟细窄的通道，让大家在其中盖起小规模的房屋。

热闹的祇园街道通往建仁寺土墙的辻子

因此，辻子不像平安京的大路小路，从东到西、由北到南贯穿市街。辻子只存在于一个
个街区网格内。

原本辻子的宽度就并非为马车或现代的汽车通过而设计的，是仅供行人通过的小路，所
以辻子周边的区域至今仍为人们的生活场所。

辻子里有默默守护居民的地藏王菩萨庙或是小神社。因为没有车辆经过的危险，这里成
为小孩的游戏场所。在这里，尚可感受得到现已遗失的、古老京都传统生活的温暖氛围。

绫小路通到四条通之间的膏药辻子

上左图、上右图、右页图：洛东高台寺附近的石墙小路。曲曲折折的石板小路上，有板墙、石墙、竹垣等不同的风景

左图：大路里侧铺满碎石的路地　右图：从有许多古董店的新门前通通往南端的路地

路地

日文的"路地"（ro-ji）一词以京都腔发音，会变成长音的"（ろおーじ）"（roo-ji）。据说在人行走的道路当中，比较狭窄的部分就被称为"路地"。随着茶道的流行，人们将具有石灯笼、蹲踞、飞石的茶庭称为"路地、露地"，也用来指称通往茶室的小路。

京都人口中发长音的"路地"并不是茶庭中铺满苔藓的"露地"，而是为了在棋盘布局的中央空白地带建造房屋，从大路通进来的小路。虽然没有通向茶人之心，不过路地里

设有共用的水井，狭窄的路上种植了花草，甚至
还有禁止站立小便的稻荷鸟居等，环境总是保持
得干干净净。

那个空间可以传递给人们街坊邻里间的人情温暖。

右图：祇园新门前通往北侧的路地

上左图、下左图、下右图：膏药辻子旁边的路地。放着许多植物盆栽的路地尽头有一座祠堂。入口处挂着该路地居民的名牌

右页图：新门前通南侧的路地。回头可看到挂着住户名牌的格子门入口

仅供人通行的狭窄路地，位于祇园

桥

通向未知的彼岸

通向未知的彼岸

安土桃山时代的《柳桥水车图》是一幅壮阔的金底屏风画。

在六曲一双的广大画面两端，描绘着巨大的柳树。从其粗壮的树干分出数个分权，有一枝以和缓的曲线垂下，前端绿叶婆娑，柳树下还架着一座桥。桥以墨色勾勒，其余运用金底填充。桥上浮着一轮明月。另一个屏风的画面与其相连，同样有柳树垂荫和一座桥，桥下流水带动着水车。

这幅画呈现的是京都南部的宇治川浅滩柳树与桥的景观。

从安土桃山时代到江户时代初期，《柳桥水车图》描绘的场景逐渐变成一种固定形式，可见于现存的不少作品中。宇治川发源于琵琶湖南边的濑田，经由外畑、大峰、天濑的山麓，流入宇治，其河川的四时之美，自古就在和歌中被反复咏唱，也常常成为小说故事的背景。

宇治也是交通要道。从飞鸟或奈良的都城前往近江大津、京都方向时，必须往北直进。过去，在这途中宇治川会流入广阔的巨椋池，所以为躲避这个障碍，必须先往东北绕行，进入宇治的街道，再横渡宇治川。

大化元年（645），中大兄皇子（即后来的天智天皇）与藤原镰足推行大化改新，让日本国面貌为之一新。同年，僧侣道登在宇治川的急流河道处搭建了日本第一座正式的桥，连接了奈良、近江大津、京都，宇治从此成为交通枢纽。

而在迁都京都以后，对于京都人而言，宇治就是一个洛外的名胜。喜撰法师咏道："结庐都辰巳，人谓吾以忧世艰，来居宇治山。"法师在平安时代初期名列六歌仙之一，是位著名的歌僧，据说其年老以后便隐居于宇治。

宇治桥，是古代连接京都与奈良、近江大津之间的交通要道

就像这样，都城郊外的宇治吸引许多贵族前来兴建别庄，尤其歌颂现世的藤原氏，更像是要重现净土世界般地建造了平等院。

从京都向东南，面向清闲之地，人们相信只要渡过宇治桥，彼岸即为净土之地。

顺带一提，日本古代三大名桥为濑田的唐桥、宇治桥、山崎桥（现已不存在），不论哪一座都架设在源于琵琶湖的宇治川水系。这不仅由于宇治川的景观之美，也是因为宇治地处连接京都与奈良、近江大津的交通要道上吧。

在原始社会，河川为人们提供了生命之源，对于人类而言，河流是近乎于神的存在。人们傍水而居，饮水、灌溉、捕捞、运输。而其上游的水流湍急之处则引起人们无尽的遐想。河的另一端，也许藏有什么秘密吧。

流水，亦可洁净身心，具有神圣的寓意。神道教通过"禊""御手洗"这两项净身、净手的仪式来洁净自身。人们前往伊势神宫参拜的时候，必须在宫川之渡进行"禊"的仪式，接着在前往内宫的途中，在宇治桥边上再以五十铃川的清流进行"御手洗"。而在前往上贺茂神社的神殿时，会经过架于御手洗川之上的舞殿，这应该也是一种"禊"吧。

未知的河川彼岸为神明降临的圣地。

然而，河川有时也会因降水量大而水位暴涨，流速加快。对于河流，人们总是抱着复杂的情感，既有对河川神灵的崇敬之情，又有家园遭受毁坏的畏惧之心。

说到京都的河，不可不提鸭川。源于北山的鸭川，原先贯穿盆地中央、一直向南流去。但在规划建造平安京的时候，人为将河川改道，使河道朝都城大路的东方流去。人类擅自改变自然河道的做法，以及对河川敬畏之心的遗忘，马上就遭到了惩罚。

每年的雨季，鸭川就不断泛滥，造成疫病肆虐，于是都城的人民开始祈祷，希望河神息怒。梅雨季结束的旧历六月，民众会立起被称为"标柱"的素木柱，前往祇园社参拜。住在鸭川西岸的居民，也开始架桥前往祇园社参拜。平安时代初期兴建了三条大桥，后来在直通祇园社的四条通上，以"劝进[1]"的方式架起了劝进桥，即是发动了参加祇园祭的民众有钱出钱、有力出力，合力搭建的桥梁。这座桥也通往祇园牛头大王守护的圣城。

在江户时代，三条大桥成为江户通往京都的东海道53次终点站，与江户的日本桥首尾各一端，成为当时游客的目的地。而更多人聚集的四条大桥，人们则在河畔搭起剧场，成为热闹的游玩之地，也成为圣、俗之间的连接点。这样的情形延续至今。

右页图：将琵琶湖的水运往京都的疏水水道——南禅寺水路阁

---

1 劝进：佛教僧侣为了救济平民所进行的布教活动，也有直接进行念佛、诵经，或在寺院、佛像兴造时进行劝募的活动。

左图、右图：因宇治桥的交通量大，昭和时期在上游新架设了朝雾桥

夕阳西下，日暮将至时，驻足于鸭川上的三条大桥或四条大桥，眼观浅流，思考着要从这里往东去祇园，还是渡过白川的巽桥往南或往北？是去眼前鸭川西岸的先斗町，还是再渡过高濑川的小桥往西木屋町去呢？人们总是像这样忘了自己正身处通往圣界的桥梁上，不过凡人怕是脑海里只有美酒佳肴吧。

但是对于一个男人而言，没有比这一刻的驻足思索更快乐的事了。

大桥

京都盆地内有由北向南流的鸭川、桂川，由东往西流的宇治川、木津川，共 4 条大河，这些河川在西边的山崎汇流为淀川，最后注入大阪湾。

对于京都人而言，提到大桥，首先会想到三条大桥或四条大桥，但鸭川光是通往市区的

左图：连接鸭川东西岸的三条大桥

右图：架于桂川上的渡月桥木制栏杆

右页图：在宇治桥上游的木制吊桥——天濑桥

部分，从北侧的西上贺茂桥往南一路就架设了不少座桥，每一座都饱经岁月沧桑。

架于桂川之上的渡月桥，地处岚山风景胜地，古桥美景交相辉映；宇治桥则架设在可观赏山麓川流滚滚之处。两桥本该供人静静伫立，伏身观流、遥想古风才对，但是近年来的交通流量已经不允许有这样的风流雅趣。

渡月桥，该在暮色时分欣赏半悬的夕阳；宇治桥，则在天色朦胧的清晨，欣赏薄雾弥漫。唯有特定的时候，才能重现桥上的昔日风情。

上贺茂神社，有奈良小川之称的御手洗川舞殿

神圣之桥

不管河道中水流大小，人们都相信河流是圣、俗之间的分界。

在都城、街市或村庄，建立寺院、神社以祭祀神圣之物，人们前往参拜时都需要经过一道程序，即在神社周围清澈的河流中净身以后，再行渡桥。

上贺茂神社中有源于后山的御手洗川流过，上面架着几座桥。其中有一座称为"舞殿"或"桥

舞殿之下，净身的清净流水

殿"的桥，上面铺有桧皮葺屋顶，当天皇及贵族来此参拜之时，会在此表演巫女之舞。

被称为"嵯峨御所"的大觉寺，也有一座通往唐门的石造桥，称为太鼓桥，据说只有在
皇室人员到来时才会使用。

依我所见，河流与桥就像是净化俗人身心的关卡。

上图：上贺茂神社，渡过御物忌川、通往片冈社的唐破风造片冈桥

下图：大觉寺，唐门前的太鼓桥

右图、下图：北白川天神宫的万世桥　当地的
石栏杆雕刻技艺各有千秋

上图：渡过东福寺的溪流，通往龙吟庵的偃月桥

下左图、下右图、右页图：东福寺的通天桥，架设于洗玉涧溪流上，连接本堂与开山堂，中央设有观景台

小桥

在大规模建造平安京这座城市的时候，人为将鸭川向东改道，因此在京都市区中曾有许多由北向南、像叶脉一样细小的河道。如今日已被人们遗忘的室町川、西洞院川等，就连看得到堀川遗迹的地方，也只剩从二条城前到今出川通间的短短距离。都市的现代化让小河无影无踪。

另一方面，人工河也开始出现。高濑川修建于江户时代初期，引鸭川之水而成，这条水

左图：引鸭川之水形成的河道，在高濑川可供一只舟通过的押小路桥

右上图、右下图：堀川第一桥过去是通往聚乐第的道路，因此又被称为御成桥

道将许多物资与人员运往下游的伏见港，直至大阪。

明治初期人们将琵琶湖的水，经过山科引到南禅寺的山中，再引往市街之中，大大振兴了自来水、发电等京都现代产业。流经祇园的白川，来源于比叡山山麓，从北白川流入的水再与琵琶湖疏水汇流，达到丰富的水量。

上左图：高濑川上的高辻桥，连接天满町与和泉屋町

上右图：通过热闹祇园的白川巽桥

左页图、下图：在知恩院附近，架于白川上的步行桥。这是一座仅以御影石组成的窄石桥

景观桥

日本的造庭之风是从大规模建造寺院、神社等圣域开始的。

在树木成荫的绿林或筑地围墙所划出的空间当中，营造出微缩山野自然的庭园风情。这应该也可视为一种对自然的崇拜吧。

建造平安京时，寝殿造成为贵族住居的固定形式，在广大的住宅空间内，雕琢细节之美。

将微微凸起的小丘当作山，将引入的水当成池水或小河，再种植些花草植株，架起小桥，形成一个小天地。这些空间的布置反映出贵族的审美水平与教养。

枳壳邸印月池

上图：木制拱桥——侵雪桥

左图、下图：唐破风屋顶的回棹廊

之后经过了千年岁月，虽然无法一一重现往昔的风貌，但是在平等院、嵯峨离宫大觉寺等地，仍然力争恢复往日的盛况。而从桂离宫、修学院等近世建造的公家离宫当中也可略知一二。

庭园的池水或架于小河上的小桥，不畏风吹雨打、严寒酷暑，静静地展现其优雅的造型。

上图：京都御苑内，九条池的高仓桥

下图：平安神宫苍龙池的飞石，称为卧龙桥

右页图：架设在神泉苑的法成就池，通往善女龙王社的法成桥

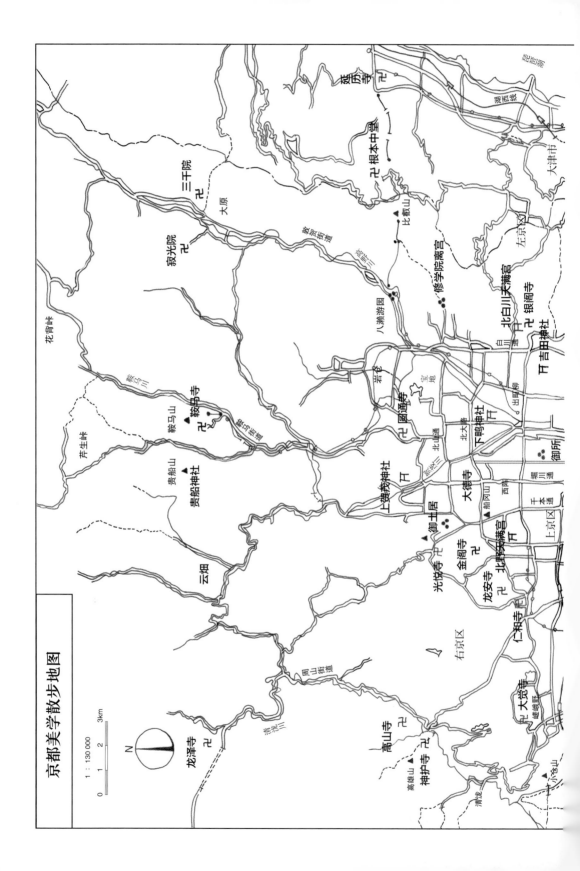

京都美学散步地图

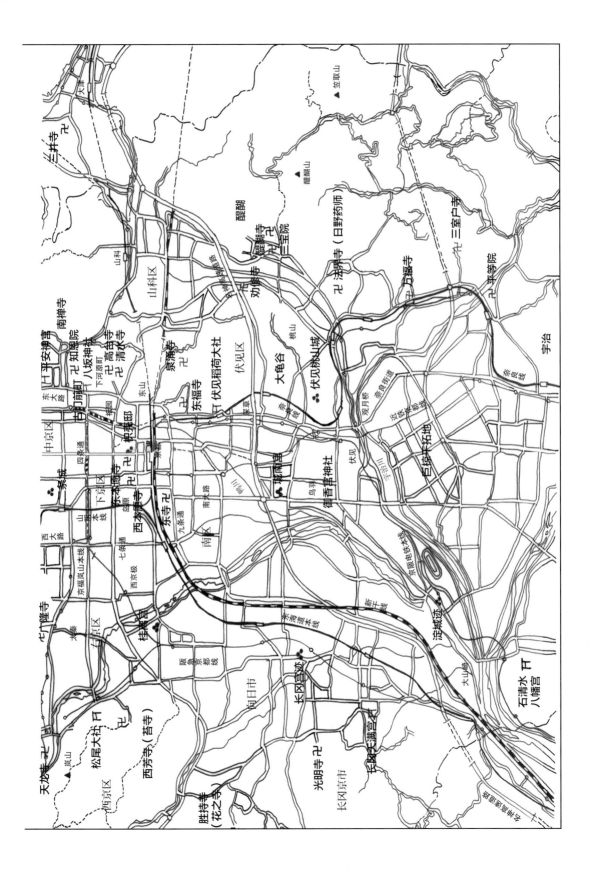

后记

本书的著者吉冈幸雄出生、成长于京都，他与摄影家喜多章一起探访如今尚存于京都的街道、町家与神社佛阁等传统建筑，记录其中独具日本风情的意匠（设计），遂写成此书。著者吉冈幸雄继承了祖上位于京都伏见的一间始于江户时代的染屋，以染色师的身份参与了东大寺、药师寺等寺院的传统仪式，并以染织世家的身份撰写《日本色彩辞典》等多本著作，获得和服文化奖、菊池宽奖、NHK放送文化奖等多项大奖。担任摄影的喜多章先生同样出生于京都，是获得过日本摄影界最高奖项太阳奖的摄影家，最近正进行"国宝建筑全记录"的工作。本书中收录的照片一律是喜多章先生使用自然光以及室内本身的光线拍摄的。

本书的策划过程在"前言"中已有所提及，而在刚开始为杂志的连载文章搜集素材的时候，正值泡沫经济时期，整个日本处于一种言论自由的高涨情绪中。以东京为中心，地价快速上涨，古老而美好的木造建筑不断遭受破坏，变成四四方方的混凝土大楼，在快速"拆"与"建"的风潮下，多数的日本人并未对此感到有何不妥。而京都也在这种风气之下受到了影响，古老的建筑岌岌可危。

这本书充满着两位作者"想要拯救即将消失的美丽日本意匠""必须要把这些美丽景色记录下来"的迫切心情与强烈的想法。

杂志连载结束后，汇编为《京都的意匠 传统的室内设计》《京都的意匠Ⅱ 街道与建筑的和风设计》两册书籍出版，广受大众好评并多次重印。本书是将前两书集结成为一册重新出版。文章仅进行少量的调整与修正，照片则使用最新的数位技术重制，力求以高品质重现京都美景。而神社佛阁大致上不会有太大变化，但是有些店铺或者町家距拍摄当时已经变貌或者消失，不过本书中，包括地图的部分在内，记录的都是探访时的情形。

因此文字未加改动。

二十年前初版的腰封上，是这样写着的：

"留存在京都住宅中的怀旧风景。玄关、障子、窗、引手、钉隐、栏间——留心住宅细节的意匠。夏座敷、台所、坪庭、祇园会——敬畏神，与自然共生的生活方式。"

"妆点京都街道的日本意匠。门、围墙、围篱、屋顶——由内而外表达自我主张的造型。看板、暖帘——展现老铺风格的广告标志。路地、辻子、小径、桥——聚集人们的奇妙空间。"

在二十年前就面临消失危机的"京都的意匠"，是一种虽然古老，却仍带有新意的意匠，我确信它仍然能够为现代人带来历久弥新的感动。

建筑资料研究社总编辑　大槻武志

2016 年 5 月

京都生活细节之美

从建筑探索